손으로 만드는
이 야 기

아이와
함께 하는
부엌 실험실

가족과 함께 집에서 할 수 있는 52가지의 실험

아이와 함께 하는 부엌 실험실

가족과 함께 집에서 할 수 있는 52가지의 실험

리즈 리 하이니키 저
박수영 역

씨아이알

아이와 함께 하는 부엌 실험실

가족과 함께 집에서 할 수 있는 52가지의 실험

초판인쇄	2017년 1월 24일
초판발행	2017년 1월 31일
저 자	리즈 리 하이니키(Liz Lee Heinecke)
역 자	박수영
펴 낸 이	김성배
펴 낸 곳	도서출판 씨아이알

책임편집	박영지
디 자 인	강세희
제작책임	이현상

등록번호	제2-3285호
등 록 일	2001년 3월 19일
주 소	(04626) 서울특별시 중구 필동로8길 43(예장동 1-151)
전화번호	02-2275-8603(대표)
팩스번호	02-2275-8604
홈페이지	www.circom.co.kr

I S B N	979-11-5610-283-0 (03400)
정 가	13,000원

이 책을 찰리, 메이, 사라에게 바칩니다.

목차

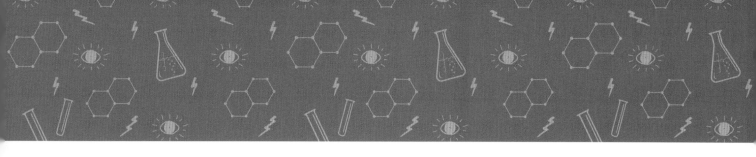

들어가는 글

아이들이 과학을 시작하는 데 집만 한 곳은 없습니다.

집 안에서 호기심과 창의력이 처음으로 불붙는 곳은 부엌과 뒷마당입니다. 신기한 과학의 세계를 탐구하는 데 이만한 장소도 없습니다. 시간의 제한이나 점수에 대한 압박 없이 친숙한 환경에서 실험을 하다 보면 과학이 어렵거나 두렵지 않고 우리가 바라보는 모든 곳에 존재한다는 것을 깨닫게 됩니다. 무엇보다 좋은 점은 이미 가지고 있는 재료로 할 수 있는 실험이 많다는 것입니다.

어린 시절에는 스무고개를 하거나 돌멩이를 모으고 개구리를 잡으면서 호기심을 채웠고 그것이 밑거름이 되어 커서는 과학과 예술을 공부하게 되었습니다. 학교를 졸업하고 10년 동안 연구원 생활을 하다가, 세 아이를 기르는 전업 주부로서 새로운 모험을 시작했습니다.

셋째 아이가 두 살 때부터 우리는 매주 수요일을 과학의 날로 정했습니다. 그날이 되면 아이들은 과학 실험을 하거나 자연 관찰을 나가거나 동물원이나 과학관에 가자고 했습니다. 이런 활동은 늘 하던 그림 그리기나 찰흙 놀이에 변화를 줄 수 있는 좋은 기회가 되었습니다.

하지만 불행히도 실험을 위해서는 전문적인 장비가 필요했고 결국에는 아이들과 실험 기자재를 사러 다녀야만 했습니다. 그래서 저는 연구실에서의 경험을 바탕으로 세 아이에게 맞게 전통적인 과학 실험을 변형하기도 하고 새로 만들어 내기도 했습니다. 실험은 막내가 해도 될 만큼 안전하고 첫째의 관심을 끌 만큼 흥미로워야 했습니다.

우리는 실험을 하면서 물리학, 화학, 생물학의 놀라운 세계에 빠져들었습니다. 두 살배기 막내는 가장 쉬운 실험을 같이 했고 가끔은 재료를 가지고 놀기만 했습니다. 반면 첫째는 실험의 과정을 과학적 관심을 가지고 즐겁게 지켜보았습니다.

해가 좋은 날이면 애벌레 채집을 나가거나 피자 박스 오븐에 스모어*를 구워 먹었습니다. 춥고 비 오는 날이면 화학 실험을 할 생각으로 들떠 있었습니다. 미생물이 요리 과정에서 하는 일을 알아보기 위해 이스트를 가지고 피자 반죽도 만들어 보았습니다. 우리 집 뒷마당에서는 달걀을 던지거나 마시멜로우를 쏘아 올리는 물리 실험을 했습니다. 리트머스 종이 콜라주**와 명반 결정 지오드로 집 안을 꾸미면서 과학과 예술을 결합하는 아름다운 방법도 찾아냈습니다.

낙서, 그림, 날짜들로 가득 찬 그리고 서투른 글씨로 '표면 장력'이라고 써 놓은 우리의 첫 번째 과학 일지는 보물과도 같습니다. 크레용으로 그린 나비, 화산, 우유 홀치기염색은 가치를 매길 수도 없습니다.

이제 아이들은 제가 새로운 실험을 제안하거나 자신들이 좋아하는 과학 실험을 하자고 하면 기쁘게 달려옵니다. 당신의 아이들도 그렇게 될 수 있으면 좋겠습니다.

---

* 스모어는 비스킷 두 개+마시멜로우+초콜릿 하나로 만드는 음식이다. 캠핑 시 간단히 간식으로 먹을 수 있다.

** 콜라주(collage)는 질(質)이 다른 여러 가지 헝겊, 비닐, 타일, 나뭇조각, 종이, 상표 등을 붙여 화면을 구성하는 기법이다.

개 요

냉장고, 싱크대 선반, 잡동사니 서랍 안에 과학 실험에 필요한 보물들이 숨어 있습니다. 이 책은 집에 있는 재료로 할 수 있는 재미있고 교육적인 52가지 과학 실험을 제안합니다.

봄이 되면 창가에 꽃을 심다가 생물학 실험에 대한 영감을 얻을 수도 있습니다. 눈 내리는 겨울날에는 왜 제설차가 길에 소금을 뿌리는지 알기 위해 얼음낚시 실험을 해도 좋습니다. 집에 녹말가루가 있다면 단순히 물만 넣어 비뉴턴 유체를 만들어 신나게 놀 수도 있습니다.

각 실험마다 실험 과정에 나오는 과학적 용어와 아이디어를 이해하기 쉽게 풀어 놓았습니다. 그리고 분야별로 자세한 설명이 있어 요리법처럼 따라만 하면 쉽게 성공할 수 있습니다.

→ 재료
→ 안전 유의사항
→ 실험 순서(설명)
→ 실험 속 과학 원리
→ 도전 과제

재료는 각 실험에 필요한 구성 요소들을 말합니다. 안전 유의 사항은 실험할 때 따라야 할 상식적인 지침을 알려 줍니다. '실험 순서'는 실험 전체를 단계별로 나누어 순서대로 쓴 것입니다. '실험 속 과학 원리'는 각 실험에 대한 간단한 과학적인 설명을 덧붙입니다. '도전 과제'는 실험을 변형해 보거나 한두 단계 더 깊이 나아갈 수 있는 아이디어를 제안합니다. 할 수 있다면 도전 과제에서 영감을 얻어 자신만의 독창적인 아이디어를 찾아보세요.

아이들에게 과학은 결과만큼 과정도 중요합니다. 수치를 재고, 계량하고, 용액을 젓고 손을 더럽히는 모든 과정은 좋은 경험이 됩니다. 책에 나오는 화학 실험은 안전하기 때문에 마음껏 차가움과 끈적거림도 느끼고 독특한 냄새도 맡으면서 모든 감각기관을 동원해 몰입

해도 됩니다. 몇몇 실험은 예술 작품을 좋아하는 아이들에게는 미술 활동으로 활용해도 좋습니다. 그리고 대부분의 실험은 청소도 간단합니다.

몇 가지 실험은 재료가 겹칩니다. 예를 들어 적양배추 즙으로 마법의 물약 실험을 했다면 남은 즙으로 리트머스 종이를 만들 수 있습니다.

우리 집 아이들과 저는 이 책에 나온 모든 실험을 해 보았습니다. 실험 순서를 찬찬히 따라 하면 실험에 성공할 수 있습니다. 하지만 몇몇 실험은 제대로 된 결과를 얻으려면 약간 수정을 하거나 연습을 해야 할 수도 있습니다. 실수하고 도전하는 것이 한 번에 성공하는 것보다 배울 점이 많습니다. 그리고 과학 분야에서 많은 실수를 통해 위대한 발견을 해 왔다는 사실을 잊지 마세요.

과학 일지

모든 과학자들은 연구와 실험을 자세히 적어 놓은 일지를 가지고 있습니다. 과학 일지는 과학적 방법을 바탕으로 써야 합니다. 문제를 해결하기 위한 과학적 방법에는 질문하기, 관찰하기, 실험하기가 있습니다.

자신만의 과학 일지를 갖고 싶다면 스프링 노트나 작문 노트 또는 종이 몇 장을 묶어서 준비합니다. 표지에 이름을 쓰고 여러분이 하는 모든 실험을 기록합니다. 자연 관찰을 나갈 때나 여행 때 들고 가서 여러분이 발견한 식물, 동물, 바위 등에 대해 적어 보세요.

여기에 진짜 과학자처럼 과학적 방법을 사용해 과학 일지 쓰는 방법을 소개합니다.

1. 언제 실험을 시작했는가?

페이지 맨 위에 날짜를 씁니다.

2. 무엇을 보고 배우고 싶은가?

의문을 제기합니다. 예를 들어, "베이킹소다와 식초를 섞으면 어떻게 될까요?"

3. 무슨 일이 일어날 것 같은가?

가설을 세웁니다. 가설이란 과학적 관찰이나 현상, 문제에 대한 잠정적인 설명입니다. 다시 말해 이미 알고 있는 사실을 가지고 앞으로 어떤 일이 벌어질 것인지 추측하는 것입니다.

4. 가설을 확인하기 위해 실험했을 때 어떤 결과가 나왔는가?

자로 재고, 쓰고, 그림을 그리고, 사진을 찍어서 실험 결과를 남기세요. 사진은 일지에 붙입니다.

5. 실험이 생각한 대로 진행되었는가?

여러분이 모은 정보(데이터)를 가지고 결론을 내려 보세요. 결과가 생각한 대로 나왔나요? 결과가 가설을 뒷받침해 주나요?

실험을 마치면 다른 방법으로도 문제를 해결할 수 있는지 생각한 다음 실험을 약간 바꾸거나 새로운 실험도 만들어 보세요. 실험을 통해 배운 지식을 실생활에 적용할 수 있는지 알아보세요. 그리고 나중에 실험을 다시 할 수도 있기 때문에 실험 내용을 일지에 적어 놓으세요.

단원
01

단원 01
탄산 화학 반응

부엌에 있는 재료로 할 수 있는 간단한 화학 실험이 많이 있습니다. 사실 몰라서 그렇지 쿠키나 팬케이크를 구울 때마다 화학 반응이 일어나고 있습니다.

그럼 화학 반응이란 무엇일까요? 생각보다 간단합니다.

세상의 모든 물질은 원자라는 작은 알갱이로 되어 있습니다. 원자는 다른 원자들과 결합해 분자라는 원자 덩어리를 만듭니다. 예를 들어 두 개의 수소 원자와 한 개의 산소 원자가 결합해 물 분자 하나를 만드는 것처럼 말입니다.

화학 반응은 두 종류의 분자를 섞었을 때 발생하고, 그 결과 하나 이상의 새로운 분자가 생깁니다. 쉽게 말하면 두 물질을 섞어 새로운 물질을 만들어 낸다는 뜻입니다. 거품이 발생하고, 온도 변화가 생기고, 냄새가 나고, 색깔이 변하면 화학 반응이 일어난 것입니다.

이 단원에서는 여러 물질을 섞어 이산화탄소를 만들어 볼 것입니다.

색깔이 변하는 마법의 물약

재료

- → 적양배추 한 통
- → 칼
- → 냄비
- → 블렌더(선택사항, 노트 참조)
- → 물
- → 내열성 숟가락
- → 투명한 컵, 병이나 작은 그릇
- → 체
- → 흰색 키친타월
- → 베이킹소다 1작은술(5g)
- → 화이트 식초 3큰술(45ml)

안전 유의사항

양배추를 삶고 체에 내리는 일은 어른이 직접 하세요.

이 실험은 용액이 넘칠 수 있습니다. 키친타월을 미리 준비하세요.

적양배추 즙의 색깔이 변하고 보글보글 거품이 나는 재미있는 실험을 해 봅시다.

사진 5 : 거품은 이산화탄소 가스가 나오는 것입니다

실험 순서

1단계 : 적양배추 한 통을 잘게 잘라 냄비에 넣고 양배추가 잠길 만큼 물을 붓습니다.

2단계 : 뚜껑을 연 채로 15분 정도 삶으면서 가끔씩 저어 줍니다.

3단계 : 불을 끄고 식힌 다음 체에 내려, 보라색 즙을 병이나 그릇에 담아 둡니다. '마법 물약'인 양배추 즙을 두 개의 컵에 1/4컵(60ml)씩 부은 다음, 흰색 키친타월 위에 놓습니다.

4단계 : 양배추 즙이 담긴 한쪽 컵에 베이킹소다를 넣고 저어 줍니다. 색깔이 변하는 것을 관찰합니다. (사진 1)

사진 1 : 베이킹소다를 양배추 즙이 든 한쪽 컵에 더 주세요.

사진 2 : 식초를 양배추 즙이 든 다른 컵에 넣어 주세요.

사진 3 : 분홍색 양배추 즙을 파란색 양배추 즙에 붓습니다.

사진 4 : 화학 반응을 지켜보세요.

5단계 : 나머지 컵에 식초를 넣고 어떤 색으로 변하는지 관찰합니다. (사진 2)

6단계 : 식초를 넣은 양배추 즙(분홍색)을 베이킹소다를 넣은 양배추 즙(파랑/초록)에 부어 주세요. (사진 3)

노트 : 불을 사용하지 않으려면 양배추 반 통을 다져 블렌더에 넣은 뒤 물 3컵(710ml)을 붓고 갈아 주세요. 용액을 체에 거른 다음 지퍼백 안에 커피 필터를 끼우고 귀퉁이를 자른 뒤 다시 한번 걸러 주세요. 블렌더에 간 양배추 즙은 거품이 오래가고, 약간 밝은 파란색을 띱니다.

실험 속 과학 원리

색소는 사물에 색깔을 부여합니다. 적양배추 즙에 들어 있는 색소는 산성과 만나느냐 염기성과 만나느냐에 따라 모양이 바뀌면서 흡수하는 빛의 파장도 달라집니다. 이 결과 색깔이 달라지기 때문에 적양배추 즙을 산-염기 지시약이라 부릅니다.

식초는 산성이라서 적양배추 즙을 분홍색으로 바꿉니다. 베이킹소다는 염기성이기 때문에 적양배추 즙에 들은 색소를 푸른색이나 초록색으로 바꿉니다.

식초가 든 적양배추 즙과 베이킹소다가 든 즙을 섞는다면 화학 반응이 일어납니다. 이때 이산화탄소가 나오면서 보글보글 거품이 나는 것입니다.

도전 과제

마법의 물약에 다른 액체도 넣어 보세요. 산성인지 염기성인지 알 수 있나요?

양배추 즙을 리트머스 종이 만드는 데 사용해 보세요. (실험 29 '적양배추 리트머스 종이'를 참조하세요.) 남은 양배추는 저녁으로 냠냠!

종이 봉지 화산

재료

→ 누런 종이 봉지 또는 작은 종이 봉지

→ 가위(필요하면)

→ 테이프

→ 빈 물병이나 음료수 병

→ 화이트 식초

→ 식용 색소

→ 베이킹소다 1/4컵(55g)과 9단계를 위해 약간 더

안전 유의사항

식초가 눈에 튀면 따가워요.

화산을 완벽하게 만들려고 애쓰지 마세요. 어차피 다 젖어요.

식탁 위에 크라카타우* 화산을 만들어 보세요.

실험 순서

1단계 : 종이 봉지를 뒤집어 한쪽 귀퉁이를 삼각형 모양으로 자르거나 찢어서 구멍을 만들어 주요. 이것이 화산의 분화구가 됩니다.

2단계 : 종이 봉지를 찢고 자르고 접고 구겨서 원뿔 모양으로 만든 뒤 병에 씌워 입구와 맞도록 테이프로 고정해 주세요. 화산을 원하는 대로 꾸며 주세요. 단, 종이 봉지를 병에 붙이지는 마세요.

3단계 : 종이 봉지를 벗긴 뒤 병에 식초를 반쯤 부어 주세요. (사진 1)

4단계 : '용암'에 식용 색소를 몇 방울 떨어뜨려 주세요. (사진 2)

---

* 1883년 인도네시아 크라카타우 섬에서 역사상 최악의 화산 폭발이 발생했는데, 이듬해인 1884년 2월까지 9개월 동안 이어졌다.

사진 1 : 식초를 병에 붓습니다.

5단계 : 병에 종이 봉지를 씌워서 용암이 안 보이게 해 주세요.

6단계 : 종이를 말아 원뿔 모양으로 만들어 좁은 구멍이 화산 분화구와 맞도록 조절한 다음 테이프를 붙여 주세요. 이것을 베이킹소다를 부을 때 깔때기로 사용합니다.

사진 2 : 식용 색소를 넣어 용암을 만들어 주세요.

7단계 : 넘칠 것을 대비해 화산을 쟁반이나 그릇 위에 놓습니다.

8단계 : 화산 분화가 시작되도록 깔때기에 베이킹소다 1/4컵(55g)을 한꺼번에 부어 주세요. 깔때기를 재빨리 치워 주세요. (사진 3, 4)

9단계 : 화산 분화가 멈추면 베이킹소다를 더 넣고 무슨 일이 일어나는지 지켜보세요.

사진 3 : 화산에 베이킹소다를 붓습니다.

사진 4 : 뒤로 물러나세요!

실험 속 과학 원리

여러분이 만든 화산은 베이킹소다와 식초가 만나 발생하는 이산화탄소 때문에 폭발합니다. 이산화탄소는 실제 화산이 폭발할 때도 분출되어 나온답니다.

실제 화산은 이것보다 훨씬 더 큰 위력을 가지고 있습니다. 1883년 크라카타우 화산이 터졌을 때 그 폭발력과 쓰나미로 대략 4만 명이 희생되었고 동인도제도의 지형이 바뀌었습니다. 더불어 엄청난 양의 이산화황을 비롯한 화산재들이 대기로 분출되었는데, 이 때문에 역사에 기록될 만큼 황홀한 노을이 생겼답니다.

도전 과제

식초 한 컵(235ml)에 베이킹소다를 얼마나 부어야 거품이 더 이상 나지 않을까요?

거품 풍선

재료

→ 중간 크기의 풍선

→ 500ml 빈 물병이나 음료수 병

→ 식초 1/3컵(80ml)

→ 베이킹소다 3작은술(14g)

→ 숟가락

거품이 생기는 화학 반응으로 풍선을 부풀려 봅시다. 눈에 보이지 않는 이산화탄소의 존재를 알 수 있답니다.

실험 순서

1단계 : 음료수 병에 식초 1/3컵 (80ml)을 부어 주세요.

2단계 : 풍선의 입구를 벌려 숟가락으로 베이킹소다 3작은술(14g)을 넣어 주세요. 두 명이서 한 사람은 풍선을 벌리고, 한 사람은 베이킹소다를 넣어 주면 됩니다. (사진 1)

3단계 : 풍선의 동그란 부분에 베이킹소다가 모이도록 흔들어 주세요. 그리고 조심스레 풍선 입구를 벌려 병 입구에 꼼꼼히 씌워 주세요. 이때 풍선의 둥근 쪽을 아래로 늘어뜨려 베이킹소다가 병에 들어가지 않도록 합니다. (사진 2)

4단계 : 병 입구를 잡고 풍선을 흔들어 베이킹소다를 한꺼번에 병 속으로 털어 넣습니다. (사진 3)

사진 1 : 도움을 받아 풍선에 베이킹소다를 넣어 주세요.

사진 2 : 풍선을 병의 입구에 씌우면서 베이킹소다가 있는 쪽을 아래로 늘어뜨립니다.

사진 3 : 베이킹소다를 한꺼번에 병 속으로 쏟아 붓습니다.

실험 속 과학 원리

베이킹소다의 과학적 명칭은 중탄산나트륨입니다. 그리고 식초는 희석한 아세트산입니다. 이 둘을 섞으면 화학 반응이 일어나 이산화탄소 등의 새로운 물질이 생기는데, 이 때문에 풍선이 부풀어 오릅니다. 거품이 생기고, 병이 차가워지고, 보이지 않는 기체로 풍선이 부풀어 오르는 걸 보면서 화학 반응이 일어났다는 걸 알 수 있습니다.

도전 과제

이산화탄소 가스를 만드는 데 다른 방법을 이용하면 어떤 결과가 나올까요? 인간을 포함한 많은 생명체는 영양분을 분해할 때 이산화탄소를 만듭니다. 제빵용 이스트, 설탕, 물을 가지고 풍선을 부풀리는 비슷한 실험을 할 수 있나요? 이 방법이 시간이 더 오래 걸릴까요?

살아 있는 이스트에 대해 알아보려면 실험 33 '이스트 풍선'을 참조하세요.

꿈틀이가 살아났어요

재료

→ 지렁이 모양 젤리

→ 주방 가위

→ 베이킹소다 3큰술(42g)

→ 따뜻한 물 1컵(235ml)

→ 숟가락

→ 병 또는 투명한 물컵

→ 화이트 식초

→ 포크

간단한 화학 반응으로 꿈틀이에게 생명을 불어 넣어 주세요.

사진 5 : 꿈틀거리며 떠다니는 것을 지켜봅니다.

안전 유의사항

손을 다칠 수 있기 때문에 젤리를 길게 자를 때는 어른이 도와 주세요. 길게 잘라야 실험이 잘 됩니다.

실험 순서

1단계 : 주방 가위로 꿈틀이를 가늘고 길게 잘라 주세요. 젤리 하나를 적어도 네 개로 잘라 주세요. 젤리가 가늘수록 실험이 더 잘됩니다. (사진 1, 2)

2단계 : 따뜻한 물에 베이킹소다를 넣고 잘 섞어 주세요. 이 용액에 젤리를 넣어 주세요. 15분에서 20분간 담가 둡니다. (사진 3)

3단계 : 젤리를 담가 두는 동안 컵이나 병에 식초를 부어 놓습니다.

4단계 : 20분이 지나면 포크로 젤리를 건져 식초에 넣어 주세요. 꿈틀이가 '살아 움직이는' 걸 지켜봅니다. (사진 4, 5)

사진 1 : 젤리를 아주 가늘고 길게 잘라 줍니다.

사진 2 : 젤리가 가늘수록 실험이 잘됩니다.

사진 3 : 젤리를 베이킹소다 용액에 담가 줍니다.

사진 4 : 베이킹소다에 있던 젤리를 건져 식초에 넣습니다.

실험 속 과학 원리

베이킹소다(중탄산나트륨)에 절여 둔 꿈틀이와 식초(아세트산)가 반응해서 이산화탄소가 나옵니다. 이 때문에 꿈틀이가 떠다니며 움직입니다. 기체의 거품은 식초보다 밀도가 낮기 때문에 표면으로 떠오르고 꿈틀이도 같이 밀어 올립니다. 꿈틀이는 화학 반응이 끝날 때까지 계속 꿈틀거릴 겁니다.

도전 과제

왜 자르지 않은 젤리로는 실험이 잘 안 될까요? 이 실험으로 '생명'을 줄 수 있는 것은 또 무엇이 있을까요?

탄산음료 간헐천

재료

→ 다이어트 콜라 2리터 한 병

→ 종이

→ 멘토스 한 줄

탄산음료와 민트로 거품 분수를 만들어 봅시다.

안전 유의사항

실험 전에 보호 안경을 쓰고, 흠 뻑 젖지 않으려면 멘토스를 넣은 다음 뒤로 물러나세요. 이 실험 은 야외에서 하세요.

실험 순서

1단계 : 다이어트 콜라의 뚜껑을 딴 다음 평평한 곳에 놓아 주세요.

2단계 : 병 입구에 맞게 종이를 기다랗게 말아 대롱을 만들어 주세요. 멘토스가 통과할 수 있 을 정도면 됩니다. (사진 1)

3단계 : 대롱 아래를 손가락으로 막고 멘토스를 채워 주세요. (사진 2)

4단계 : 대롱을 병 입구에 대고 한꺼번에 재빨리 쏟아 넣습니다. 그리고 뒤로 물러나세요! (사 진 3, 4, 5)

사진 1 : 민트를 넣을 종이 대롱을 만듭니다.

사진 2 : 대롱에 민트를 채워 줍니다.

사진 3 : 민트를 콜라 안에 넣어 주세요.

사진 4 : 민트와 다이어트 콜라가 만나 이산화탄소 가스가 발생합니다.

사진 5 : 뒤로 물러나세요!

실험 속 과학 원리

과학자들은 다이어트 콜라에 들어 있는 감미료와 멘토스 민트의 어떤 성분이 물의 표면 장력을 약하게 한다고 생각합니다. 멘토스의 울퉁불퉁하고 거친 표면과 약해진 표면 장력은 이산화탄소 거품이 빠른 속도로 만들어지는 원인이 됩니다. 엄청나게 많은 이산화탄소 거품 때문에 압력이 증가하고, 좁은 출구를 통해 콜라 거품이 분수처럼 솟구칩니다.

도전 과제

다른 탄산음료나 민트를 가지고 실험하면 어떤 결과가 나올까요? 과일 맛 멘토스로도 잘될까요?

단원
02

단원 02
결정 만들기

우리는 빨리빨리를 외치며 살고 있습니다. 아이들은 결정을 만드는 과정을 통해 자연은 서둘지 않는다는 것을 배우게 됩니다. 얼음사탕을 만들려면 일주일이 넘게 걸리지만 결국에는 매우 만족스러운 결과를 얻을 수 있습니다.

결정은 원자들이 일정한 패턴으로 연결된 구조입니다. 사슬로 연결된 3차원 형태의 담장을 떠올리면 됩니다. 주방에 있는 소금 결정에서부터 반도체, LED, 태양 전지를 만드는 실리콘 결정에 이르기까지 이런 결정들 덕분에 우리의 삶이 윤택해졌습니다.

이 단원에서는 명반, 설탕, 소금 과포화 용액을 가지고 세 가지 형태의 결정을 만들어 볼 것입니다. 없는 재료가 있다면 오픈 마켓을 통해 살 수 있습니다.

명반 결정 지오드

재료

→ 명반(황산알루미늄칼륨[노트 참조]) 3/4컵(160g)과 뿌리는 데 사용할 여분

→ 날달걀 3개

→ 톱니 모양 칼

→ 작은 붓 또는 면봉

→ 접착제(흰색 목공풀)

→ 물 2컵(475ml)

→ 물을 끓일 작은 냄비

→ 식용 색소(원한다면)

명반 가루와 달걀 껍데기로 반짝이는 지오드를 만들어요.

사진 5 : 명반 용액에서 달걀 껍데기를 꺼내 말려 줍니다.

안전 유의사항

달걀 껍데기를 자를 때나 물을 끓일 때는 반드시 어른이 하세요.

날달걀을 만진 다음에는 항상 손을 씻어 주세요.

실험 순서

1단계 : 톱니 모양 칼로 달걀을 길게 자른 다음 깨끗이 씻어 껍데기를 말려 주세요.

2단계 : 작은 붓이나 면봉을 이용해 껍데기 안쪽에 접착제를 얇게 발라 주세요. (사진 1) 접착제 위에 명반 가루를 뿌린 뒤 하룻밤 말려 주세요. (사진 2)

3단계 : 작은 냄비에 물과 명반 3/4컵(160g)을 넣고 끓이면서 녹여 주세요. 이 단계는 어른이 같이 해 주세요. 다 녹았는지 확인한 다음 (약간 뿌옇게 보일 거예요) 식혀 주세요. 이것이 과포화 명반 용액입니다.

사진 1 : 달걀 껍데기 안쪽에 접착제를 발라 줍니다.

사진 2 : 접착제가 마르기 전에 명반을 뿌려 주세요.

사진 3 : 물에 명반을 넣고 끓입니다.

사진 4 : '씨앗'이 될 달걀 껍데기를 식은 명반 용액에 담가 줍니다.

4단계 : 용액이 충분히 식으면 달걀 껍데기를 조심스레 넣어 줍니다. 색을 내고 싶으면 식용 색소를 적당히 넣어 주세요. (사진 4)

5단계 : 그릇을 건드리지 말고 결정이 자라기를 기다립니다.

6단계 : 3일 후 달걀 껍데기를 조심스레 꺼내서 말립니다. (사진 5)

노트 : 명반은 약국이나 오픈 마켓에서 살 수 있습니다. 실험하는 데 100g짜리 2갑이나 3갑 정도면 충분합니다.

실험 속 과학 원리

황산알루미늄칼륨이라고도 불리는 명반은 베이킹파우더에도 들어가고 피클을 만들 때도 사용합니다. 명반 같은 몇몇 결정은 과포화 용액으로 만들 수 있습니다.

과포화 용액은 보통 물(혹은 다른 액체)에 녹일 수 있는 양보다 더 많은 원자들을 강제로 녹인 것입니다. 집에서도 쉽게 만들 수 있는데, 용액을 가열하면서 녹인 다음 천천히 식히면 됩니다.

결정은 과포화 용액에 녹아 있는 원자들이 '씨앗' 원자나 분자를 만나 들러붙으면서 만들어집니다. 이 실험에서는 접착제에 뿌린 명반이 씨앗이 되고, 결정이 여기에 붙어 자랍니다.

도전 과제

같은 실험을 소금이나 설탕을 가지고 할 수 있나요? 어떻게 색깔이 결정에 물드는 것일까요? 식용 색소 때문에 결정이 잘 안 생긴다고 생각하나요? 용액 안에 달걀 껍데기를 더 오래 두면 결정이 더 자랄까요?

다른 물건에 접착제를 발라 결정을 만들어 보세요.

얼음사탕

재료

→ 흰 설탕 5컵(1kg)과 1단계에
 사용할 여분

→ 물 2컵(470ml)

→ 나무 꼬치

→ 물을 끓일 중간 크기의 냄비

→ 유리컵

→ 식용 색소

알록달록 맛있는
막대 사탕을 만들
어 보세요.

안전 유의사항

뜨거운 설탕 시럽을 다룰 때는
어른이 하고, 식은 다음 아이에
게 주세요.

실험 순서

1단계 : 꼬치를 물에 담근 다음 설탕을 묻혀 주세요. 5cm에서 7.5cm 정도면 됩니다. 완전히 마를
때까지 둡니다. 이것이 설탕 결정이 자랄 씨앗입니다. (사진 1)

2단계 : 냄비에 물 2컵과 설탕 5컵을 붓고 설탕이 가능한 한 많이 녹을 때까지 끓여 시럽처럼 만듭
니다. 식으면 과포화 설탕 용액이 됩니다.

진1 : 꼬치 끝을 설탕에 굴려 줍니다.　　사진 2 : 시럽에 식용 색소를 넣고 저어 줍니다.　　사진 3 : 시럽에서 사탕을 꺼냅니다.

단계 : 미지근하게 식힌 다음 유리컵에 부어 줍니다. 식용 색소를 넣고 저어 주세요. (사진 2)　　6단계 : 맛있게 드세요!

단계 : 시럽이 실온 정도로 식으면 설탕을 묻힌 꼬치를 시럽에 넣고 일주일가량 둡니다. 가끔
부드럽게 저어 주어야 컵 바닥에 결정이 달라붙지 않아요. 만약 그릇 안에 결정이 너무 많이
겨서 그릇에 꽉 차면, 새 그릇에 시럽을 옮겨 담고 꼬치를 넣어 결정이 더 자라게 해 줍니다.

단계 : 얼음사탕이 완성되면 시럽에서 꺼내어 말려 주세요. 그리고 돋보기로 자세히 관찰해 봅
다.

실험 속 과학 원리

결정은 벽돌을 쌓아 놓은 벽처럼 분자들이 일정한 패턴으로 연결된 구조입니다. 벽돌을 잡고 있는 모르타르 대신 원자와 분자들은 원자 결합의 형태로 연결되어 있습니다.

화학적 구성이 같은 결정들은 크기의 차이가 있을 수는 있지만 모양은 모두 같습니다. 자당이라고도 불리는 설탕은 포도당과 과당이라는 두 개의 당이 결합된 것입니다. 자당이 만드는 결정은 끝이 비스듬한 육각기둥 모양입니다.

꼬치에 붙어 있는 설탕 씨앗에 설탕 용액에 들어 있던 설탕 분자들이 들러붙으면서 얼음사탕은 점점 더 커집니다.

도전 과제

설탕 결정이 자랄 만한 물건은 또 무엇이 있을까요? 얼마나 커질까요? 얼음사탕을 한 달 동안 시럽에 넣어 두면 결정이 계속 자랄까요?

실을 타고 오르는 소금 결정

재료

→ 끈(요리용 흰색 면실이 가장 잘되요)

→ 가위

→ 투명한 병이나 작은 컵 4개

→ 물 2컵(470ml)

→ 작은 냄비

→ 소금 8큰술(144g)

→ 식용 색소

→ 종이 클립 8개

→ 돋보기

형형색색의 소금물이 실을 타고 오르는 걸 관찰해 보세요. 물이 증발하면 작은 결정들이 실을 뒤덮고 있는 걸 볼 수 있을 거예요.

사진 5 : 결정이 매일 얼마나 자라는지 확인해 보세요

안전 유의사항

물은 어른이 끓이고, 아이들이 뜨거운 물에 소금을 넣을 때는 지켜봐 주세요.

실험 순서

1단계 : 실을 15cm 길이로 4개 준비합니다.

2단계 : 작은 냄비에 물을 끓여 주세요.

3단계 : 한 번에 1큰술(18g)씩 소금을 넣으면서 다 녹을 때까지 저어 주세요. 이것이 식으면 과포화 소금 용액이 됩니다. (사진 1)

4단계 : 용액을 식힌 다음 그릇에 1/4컵(60ml)씩 부어 주세요.

사진 1 : 뜨거운 물에 소금을 녹여 줍니다. | 사진 2 : 병에 식용 색소를 넣어 주세요. | 사진 3 : 끈의 끝부분에 클립을 묶어 줍니다. | 사진 4 : 매듭지은 쪽을 병 속에 담가 줍니다.

⑤단계 : 각각의 그릇에 식용 색소를 몇 방울씩 떨어뜨린 뒤 잘 저어 주세요. (사진 2)

⑥단계 : 실의 한쪽 끝에 매듭을 만들고 다른 쪽 끝에는 클립을 매달아 주세요. 매듭지은 쪽을 소금 용액에 담가 주세요. 실이 뜨면 실을 휘저어 소금 용액에 적셔 주세요. 클립이 달린 쪽 실을 그릇 바깥으로 늘어뜨립니다. (사진 3, 4)

⑦단계 : 어떤 변화가 있는지 매일 실을 확인합니다. 돋보기로 결정을 관찰해 보세요. (사진 5)

실험 속 과학 원리

소금의 과학적 명칭은 염화나트륨 또는 NaCl입니다. 끓는 물에 소금을 녹이면 상온에서 녹일 수 있는 염화나트륨 원자보다 더 많은 양을 녹인 과포화 용액을 만들 수 있습니다.

이 실험에서 소금물은 실에 흡수되어 병 바깥으로 늘어진 실을 타고 올라갑니다. 물이 증발하면서 실에 흡수된 소금은 섬유질에 그대로 남게 되고, 다른 소금 분자와 결합하여 더 큰 염화나트륨 결정이 됩니다.

도전 과제

💡 설탕과 소금을 섞은 물로 과포화 용액을 만들어 실험하면 어떤 결과가 나올까요? 돋보기로 관찰했을 때 모든 결정이 똑같이 생겼나요?

단원
03

단원 03
운동 속 물리학

오래전 영국에 수학과 과학에 빠진 뉴턴(NEWTON)이란 학생이 있었습니다. 뉴턴은 코페르니쿠스(COPERNICUS), 갈릴레오(GALILEO), 케플러(KEPLER) 같은 위대한 과학자들의 업적을 연구했고 호기심 어린 눈으로 세상을 관찰했습니다.

뉴턴이 나무에서 떨어지는 사과를 보고 중력에 대한 아이디어를 얻었다는 유명한 일화가 있습니다. 이 사건을 계기로 뉴턴은 행성 운동에 대한 새로운 법칙을 발견하게 됩니다. 아이작 뉴턴 경이라고도 불리는 그는 1687년 운동과 중력에 대한 책, 『프린키피아』를 발간합니다. 이 책은 사람들이 이제껏 알고 있던 세상과 우주, 과학 전반에 대한 사고방식을 뒤집어 놓았습니다.

물리학에서 물체의 운동은 시간에 따른 위치의 변화를 말합니다. 물체가 움직인다는 것은 그 물체에 어떤 힘을 주었다는 뜻입니다. 이 단원에서는 운동, 힘, 에너지에 대해 다룰 것입니다. 마시멜로우에서 날달걀에 이르기까지 힘이 어떻게 사물에 작용하는지 살펴볼 것입니다. 몇몇 실험에서는 뉴턴이란 이름이 등장할 것입니다.

마시멜로우 새총

재료

→ 고무 밴드

→ 플라스틱 또는 고무 링(약 병
   이나 플라스틱 우유 통 뚜껑
   에 있는 링)

→ 마시멜로우

→ 식탁 의자

에너지를 변환하여 과자를 날려 봅시다.

사진 5 : 연습이 약간 필요할 수도 있어요

실험 순서

1단계 : 링이 가운데에 오도록 고무 밴드를 양쪽에 연결합니다. (튼튼하게 만들려면 고무 밴드를
여러 겹 사용하면 됩니다.) 길이가 모자라서 두 고무 밴드를 연결하려면 두 밴드를 약간 겹쳐 놓고
아래쪽 밴드의 끝을 들어 다른 밴드의 구멍으로 집어 넣으면 됩니다. 링도 같은 방법으로 연결합
니다. (사진 1, 2)

2단계 : 의자를 뒤집어 링이 가운데에 오도록 다리에 고무 밴드를 걸어 새총을 만들어 주세요. (사
진 3)

3단계 : 목표물을 향해
마시멜로우를 쏘면서
고무 밴드의 탄성 에너
지가 운동 에너지로 바
뀌는 것을 관찰해 보세
요. 몇 번 연습해야겠
지만 자신도 모르는 사
이 과자 명사수가 될
거예요. (사진 4)

사진 1 : 고무 밴드를 링에 끼웁니다.

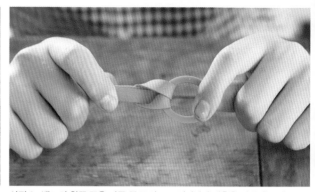
사진 2 : 밴드의 한쪽 끝을 다른 쪽 구멍으로 집어넣어 새총을 만들어 주세요.

사진 3 : 의자를 뒤집어 의자 다리에 새총을 설치하세요.

사진 4 : 목표물을 향해 마시멜로우를 쏘세요.

실험 속 과학 원리

에너지는 형태가 바뀔 수는 있어도 사라지지 않습니다. 이것을 과학적 개념으로 에너지 변환이라고 합니다. 새총의 고무 밴드를 당길 때는 근육이 일을 합니다. 일을 얼마나 하느냐는 고무 밴드를 당기는 데 얼마나 힘이 드느냐(힘)와 뒤로 얼마나 당기느냐(거리)에 달려 있습니다. 일=힘×거리.

고무 밴드에 들인 일은 탄성 에너지로 저장됩니다. 고무 밴드를 놓았을 때 고무 밴드는 마시멜로우에 일을 하게 되고, 그 결과 탄성 에너지가 운동 에너지(움직이는 에너지)로 바뀌면서 마시멜로우를 멀리 날아가게 합니다. 마시멜로우가 뭔가에 부딪혀 정지하게 되면, 운동 에너지는 열에너지로 바뀝니다.

도전 과제

고무 밴드의 두께가 물체의 비행거리에 영향을 미치나요? 왜 그럴까요?

마시멜로우가 날아가는 거리와 방향에 영향을 주는 변수는 무엇이 있을까요?

테이블보 마술

능숙한 물리학 솜씨로 친구들과 가족을 놀라게 해 보세요.

재료

→ 테이블

→ 튼튼하고 무거운 그릇이나 높이가 낮아 잘 넘어지지 않는 물컵

→ 솔기 없는 테이블보 또는 솔기를 제거한 오래된 침대 시트(보자기)

→ 물

사진 3 : 짜잔!

안전 유의사항

약간의 연습이 필요한 실험이라 밖에서 하는 것이 좋아요. 잔디밭이나 부드러운 이불 위에서 하면 접시가 떨어져도 깨지지 않아요.

실험 순서

1단계 : 테이블 위에 테이블보를 60cm 정도 깔아 주세요.

2단계 : 그릇이나 컵에 물을 반쯤 채운 다음 테이블보가 깔린 테이블 끝 부분에 놓아둡니다.

3단계 : 테이블보를 두 손으로 잡고 테이블 끝 부분에 걸치면서 아래로 아주 빠르게 당겨 주세요. 이 부분이 중요합니다. 만약에 몸 쪽으로 당기거나 너무 천천히 당기면 실패할 거예요. 제대로 했다면 물이 약간 흔들릴 수는 있지만 그릇은 테이블 위에 그대로 남아 있을 거예요. (사진 1, 2, 3)

사진 1 : 테이블보를 들어 주세요.

사진 2 : 아래쪽으로 아주 빠르게 당깁니다.

실험 속 과학 원리

관성의 법칙은 물체가 자신이 움직이는 속도를 (또는 실험 속 물그릇처럼 정지한 상태를) 유지하려는 성질을 말합니다. 물체가 무거울수록 관성은 더 커집니다.

이 실험에서 물이 든 무거운 그릇은 정지해 있으면서 움직이고 싶어 하지 않습니다. 테이블보가 그릇 아래서 매우 빠르게 움직이면 무거운 물그릇은 미끄러지지만 많이 움직이지는 않습니다. 테이블보와 물그릇 사이의 마찰이 있겠지만, 물그릇을 움직일 정도로 강하지는 않습니다. 이 쇼는 마술처럼 보이지만, 사실은 물리학 실험입니다.

도전 과제

💡 같은 실험을 무거운 넓은 접시나 은그릇으로 했다면 어떤 결과가 나올까요? 어떤 재질의 테이블보가 가장 잘될까요? 어떤 것이 잘 안 될까요?

달걀 던지기 실험

재료

→ 오래된 시트

→ 빨래집게, 빵 끈이나 끈

→ 날달걀

→ 나무, 빨랫줄 또는 시트를 잡아 줄 두 사람

→ 의자 2개

부엌 못지않게 뒷마당도 훌륭한 과학 실험실입니다. 달걀을 던지면서 힘과 운동에 대해 배워 봅시다.

안전 유의사항

날달걀을 만지고 나서는 항상 손을 씻도록 합니다. 달걀에는 살모넬라라는 세균이 있을 수 있어요.

실험 순서

1단계 : 빨래집게나 끈을 이용해서 나뭇가지 양쪽에 시트를 매달아 주세요. 만약에 나무가 없다면 다른 곳에 매달거나 두 사람이 잡고 있습니다.

2단계 : 두 사람이 시트 아랫부분이 J자가 되도록 잡고 있거나 의자 두 개에 매달아 주세요. (사진 1)

3단계 : 있는 힘껏 달걀을 던져 보세요. 달걀이 시트에 닿아 속도가 느려지면서 멈추기 때문에 깨지지 않습니다. (사진 2)

사진 1 : (위) 두 명이 시트 아랫부분을 잡아 J자 모양을 만들어 줍니다.

사진 2 : (왼쪽) 달걀을 있는 힘껏 시트 중앙으로 던져 보세요.

사진 3 : 달걀은 깨지지 않습니다.

도전 과제

만약 큰 힘을 가해 달걀의 속도를 빠르게 바꾼다면 어떻게 될까요? 차고 문이나 테이블을 눕힌 다음 신문지를 붙이고 달걀을 던져 보세요. 깨끗이 치우는 것 잊지 마세요! 물청소 한 번이면 될 거예요.

실험 속 과학 원리

움직이는 물체는 그 상태를 유지하고자 합니다. 공중을 날아가는 달걀을 멈추려면 힘을 가해야 합니다. 이 실험에서는 걸어 놓은 시트가 그 역할을 합니다.

운동의 법칙에 따르면 속도의 변화가 클수록 물체에 더 큰 힘이 가해집니다. 시트가 하듯이 달걀의 속도를 천천히 줄여 주면, 달걀에 가해지는 힘도 작아져서 깨지지 않습니다.

자동차에 달린 에어백도 같은 원리입니다. 만일 차가 달리다가 뭔가에 부딪히면 갑자기 멈추게 됩니다. 이때 에어백이 시트와 같은 역할을 합니다. 자동차에 탄 사람의 속도를 천-천-히 줄여 주어 대시보드에 부딪힐 때의 충격이 대폭 감소합니다.

달걀이 병으로 들어가요

재료

→ 주스 병 같은 유리병, 병 입구가 삶은 달걀보다 약간 작은 것

→ 작거나 중간 크기의 삶은 달걀

→ 바나나

→ 칼

→ 생일 초

→ 긴 성냥 또는 라이터

대기압이 마술처럼 달걀을 병 속으로 밀어 넣어요.

사진 1

사진 2

안전 유의사항

이 실험은 성냥이나 라이터를 사용하기 때문에 어른이 지켜봐 주세요. 병을 뒤집어서 하는 실험이 더 잘되요.

병을 뒤집어서 하는 실험 순서

1단계 : 생일 초 두 개를 삶은 달걀의 넓은 쪽에 꽂아 줍니다.

2단계 : 불을 붙인 다음 병을 뒤집어 아래쪽 입구에 대고 병 속의 공기를 데워 줍니다.

3단계 : 병을 거꾸로 든 상태에서 초가 꽂힌 달걀로 병의 입구를 막아 줍니다. 초가 꺼질 때까지 달걀을 들고 있으면 대기압이 달걀을 병 안으로 밀어 넣을 겁니다. (사진 1, 2)

병을 세워서 하는 실험 순서

1단계 : 삶은 달걀의 껍데기를 벗깁니다. 유리병 입구에 달걀을 놓고 쉽게 병에 빠지지 않는지 확인합니다. 이제 달걀을 내려놓으세요. (사진 3)

2단계 : 바나나를 한 조각 잘라 초를 꽂은 다음 병 속에 넣어 주세요.

3단계 : 초에 불을 붙인 다음 달걀로 병의 입구를 막아 줍니다. 불이 꺼지기를 기다려 무슨 일이 일어나는지 관찰해 보세요. 만약 제대로 되지 않는다면 병을 뒤집어서 실험해 보세요. (사진 4, 5)

 ## 실험 속 과학 원리

양초의 불꽃은 병 속의 공기를 데웁니다. 산소가 떨어져 촛불이 꺼지면 병 속의 공기는 빠르게 식으면서 압력이 낮아지고 진공 상태와 비슷하게 됩니다. 병을 둘러싼 공기의 압력이 더 높기 때문에 병 안팎의 압력을 맞추려고 대기압이 달걀을 병 속으로 밀어 넣게 됩니다.

사진 3 : 달걀 껍데기를 벗깁니다.

사진 4 : 불을 붙인 다음 달걀을 병 입구에 올려놓습니다.

사진 5 : 대기압이 달걀을 병 속으로 밀어 넣는 것을 관찰합니다.

단원 04
생명 과학

생명체는 분자로 이루어진 경이로운 작품입니다. 복잡한 생명 체계를 연구하는 과학자들은 자신들의 노력으로 모든 생명체가 행복하고 건강한 세상에서 살 수 있기를 희망합니다. 물론 인간도 포함해서요!

달걀에서 DNA에 이르기까지 집에서 할 수 있는 재미있는 생명 과학 실험들이 있습니다. 이 단원에서는 달걀 껍데기를 가지고 생명이 만든 경이로운 건축물이 얼마나 튼튼한지 그리고 동시에 얼마나 깨지기 쉬운지 살펴보겠습니다. 또한 딸기 DNA를 추출하는 방법과 스카치테이프로 지문을 뜨는 방법도 배울 것입니다. DNA가 분자 수준에서 우리를 식별하는 방법이라면, 지문은 신체적인 특징으로 구별하는 방법입니다.

초록 달걀귀신

재료

→ 달걀 여러 개가 들어갈 만한 병

→ 날달걀

→ 유성 펜(필요하면)

→ 화이트 식초 또는 사과 식초

→ 초록색 식용 색소

→ 옥수수 시럽

식초로 달걀 껍데기를 녹이고, 옥수수 시럽으로 쭈글쭈글한 달걀귀신을 만들어 보세요.

실험 순서

1단계 : 병에 달걀을 몇 개 넣고 달걀이 덮일 만큼 식초를 부어 주세요. 달걀을 식초에 담그기 전에 유성 펜으로 눈알을 그려 주면 재미있을 거예요. (사진 1)

2단계 : 냉장고에 넣고 하룻밤 둔 다음 물로 가볍게 헹굽니다. 고무풍선 같은 달걀의 속껍질만 남아 있을 거예요. 느낌이 어떤가요? (사진 2)

3단계 : 달걀귀신을 만들기 위해서는 식초를 버리고 달걀을 헹군 다음 다시 병에 넣습니다. 달걀이 덮일 만큼 옥수수 시럽을 넣고 초록색 식용 색소를 조금 넣어 줍니다. 부드럽게 병을 뒤집으면서 잘 섞어 주세요. 다시 냉장고에 24시간 동안 넣어 둡니다. 어때 보이나요? (사진 3, 4)

진 1 : 병에 날달걀을 넣고 달걀이 덮일 만큼 식초를 부어 주세요.

사진 2 : 다음 날 식초에서 달걀을 꺼내 살펴보세요.

사진 3 : 달걀을 헹군 다음 옥수수 시럽을 부어 줍니다.

사진 4 : 옥수수 시럽이 달걀을 쭈글쭈글하게 만들 거예요.

실험 속 과학 원리

달걀 껍데기는 칼슘과 탄소 원자가 탄산칼슘으로 결합된 결정입니다. 산성인 식초는 화학 반응을 통해 이 결정을 파괴합니다. 탄산칼슘과 식초가 만나면 이산화탄소가 발생하며, 이 때문에 식초에 달걀을 넣으면 거품이 생깁니다.

풍선처럼 생긴 달걀의 속껍질은 물 분자가 통과할 수 있습니다. 옥수수 시럽은 대부분 당으로 구성되어 있고 물은 거의 없습니다. 그래서 물 분자들이 달걀에서 나와 옥수수 시럽으로 이동하는 것입니다. 그 결과 달걀이 쭈글쭈글해집니다.

도전 과제

달걀을 씻어 물에 담근 다음 냉장고에 넣고 하룻밤 둡니다. 어떻게 될까요?

달걀 타기

재료

→ 달걀 10개들이 2상자

달걀 위에 올라타서 껍데기가 얼마나 단단한지 시험해 보세요.

사진 4 : 체중을 골고루 분산시키고 가만히 있으세요

안전 유의사항

날달걀을 만진 후에는 손을 씻도록 합니다. 살모넬라균 때문에 병이 날 수도 있어요.

실험 순서

1단계 : 달걀 상자의 뚜껑을 열어 주세요. (사진 1)

2단계 : 깨진 달걀이 없는지 확인한 뒤 달걀이 모두 같은 방향을 향하도록 놓아 주세요. (뾰족한 쪽이 위든 둥근 쪽이 위든 상관없어요.)

3단계 : 달걀 상자를 평평한 바닥에 놓습니다.

4단계 : 신발과 양말을 벗고 의자를 잡거나 옆 사람의 손을 잡아 주세요. 발바닥을 평평하게 유지하면서 조심스럽게 달걀 위로 올라갑니다. (사진 2, 3, 4)

사진 1 : 달걀은 생각보다 튼튼합니다.

사진 2 : 옆 사람의 손을 잡고 조심스럽게 달걀 위로 올라갑니다.

사진 3 : 아마 깨지지 않을 거예요.

실험 속 과학 원리

사람들은 튼튼한 건물과 다리를 만들 때 아치를 사용합니다. 달걀 껍데기는 병아리들이 깨고 나올 수 있을 정도로 얇습니다. 하지만 놀랍게도 달걀의 아치 구조는 큰 압력을 가해도 깨지지 않고 견딜 수 있습니다. 어미 닭이 달걀을 부화시키기 위해서는 달걀을 깔고 앉아야 하기 때문에 튼튼해야 합니다.

압력은 단위 면적당 가해지는 힘을 말합니다. 달걀 상자 위에 맨발로 올라서면 체중이 골고루 분산되면서 10개의 달걀에 고른 압력이 가해집니다. 그리고 달걀의 아치 구조는 이 정도는 견딜 수 있을 만큼 튼튼합니다.

도전 과제

같은 실험을 하이힐이나 축구화나 육상화를 신고 해 보세요. 어떻게 될까요?

손에서 반지를 빼고 지퍼 백에 넣은 날달걀을 전체적으로 감싼 다음 꽉 쥐어 보세요. 달걀이 깨지나요?

DNA 추출

재료

→ 딸기 3개

→ 버터 칼

→ 계량컵 한두 개

→ 포크

→ 계량스푼

→ 액체 또는 가루 세탁 세제

→ 따뜻한 수돗물 1/2컵(120ml)

→ 중간 크기의 그릇 2개

→ 아주 뜨거운 수돗물 1~2컵
　(235~475ml)

→ 물 1~2컵(235~475ml)

→ 얼음

→ 지퍼 백

→ 가위

→ 원뿔 모양의 커피 필터

→ 가늘고 긴 컵이나 시험관

→ 소금 1/4작은술(1.5g)

→ 아주 차가운 에틸알코올 또는
　소독용 알코올

→ 이쑤시개 또는 플라스틱 포크

딸기에서 유전 형질 DNA를 분리해 봅시다.

사진 5 : 딸기 DNA

실험 순서

1단계 : 딸기를 잘게 자릅니다. (사진 1) 계량컵 속에 넣고 포크로 으깨줍니다.

2단계 : 액체 또는 가루 세제 1작은술(6ml 또는 5g)을 따뜻한 수돗물에 넣고 섞은 다음 딸기에 부어 줍니다.

3단계 : 그릇에 아주 뜨거운 수돗물을 붓고 딸기와 세제 혼합물이 들어 있는 컵을 넣습니다. 뜨거운 물이 컵 안으로 넘쳐 들어가지 않도록 조심해 주세요. (사진 2)

4단계 : 딸기 혼합물을 다시 저어 주세요. 세제와 따뜻한 온도 때문에 딸기의 세포가 부서지고, 효소라는 단백질이 세포를 잘근잘근 씹어 세포핵에서 DNA를 분리할 거예요. 12분 정도 기다렸다가 다시 딸기 혼합물을 저어 주세요.

5단계 : 12분이 지나면 다른 큰 그릇에 물 1컵이나 2컵(235~475ml)을 붓고 얼음을 많이 넣어 주세요. 딸기 혼합물이 들어 있는 컵을 얼음물에 넣고 5분간 식혀 주세요. 가끔 한두 번씩 저어 주세요. (사진 3)

사진 1 : 딸기 몇 개를 작게 자릅니다.

사진 2 : 딸기 혼합물을 뜨거운 물에 넣습니다.

사진 3 : 딸기 혼합물을 5분간 얼음물에 담가 둡니다.

사진 4 : 필터로 딸기 덩어리는 걸러 내고 상층액만 받아 둡니다.

3단계 : 기다리는 동안 커피 필터와 같은 크기로 지퍼 백을 자르고 액체가 흘러나갈 수 있도록 귀퉁이에 구멍을 냅니다. 커피 필터를 지퍼 백에 끼운 다음 계량컵이나 그릇에 놓아 둡니다.

4단계 : 5분이 지나면 딸기 용액을 필터 깔때기에 부어 딸기의 끈적한 덩어리를 걸러내고 DNA가 포함된 상층액만 컵에 받아 둡니다. 필터가 막히면 숟가락을 이용해 덩어리를 건져 냅니다. (사진 4)

5단계 : 받아 둔 액체를 좁고 긴 컵에 1/3가량 부어 줍니다. 여기에 소금을 넣고 잘 섞어 줍니다. 같은 양(처음 부은 양과 같게)의 차가운 알코올을 천천히 부어 주세요. 손가락으로 컵의 입구를 막고 천천히 흔들어 주세요. 이제 테이블이나 얼음 위에 내려놓고 몇 분간 기다립니다.

6단계 : 액체 윗부분에 뿌옇고 하얀 거품 같은 막이 생길 겁니다. 이것이 바로 딸기 DNA입니다. 이쑤시개나 플라스틱 포크로 DNA를 건져 주세요. 투명한 젤리처럼 보일 거예요. 축하합니다! DNA 분리에 성공했습니다. (사진 5)

실험 속 과학 원리

DNA(데옥시리보 핵산)는 유전 정보를 가진 분자들의 사슬이며, '생명의 설계도'라 불리기도 합니다. 식물과 동물 같은 유기체에서 DNA는 세포핵이라고 하는 특별한 곳에 저장됩니다. 긴 실처럼 생긴 DNA는 세포핵에 단단히 묶여 있습니다. 유기체에서 DNA를 분리해 내려면 먼저 세포들을 분리(세포 용해)해야 합니다. 그리고 세포의 큰 덩어리들을 필터로 걸러 낸 액체(상층액)를 모읍니다. 여기에 소금과 알코올 같은 화학 물질을 첨가하면 DNA를 분리할 수 있습니다.

도전 과제

다른 과일이나 채소의 DNA도 추출해 보세요. 세제 안에 딸기 혼합물을 밤새 놓아두면 어떻게 될까요? 여전히 DNA를 분리할 수 있을까요?

과학 수사대

재료

→ 하얀 종이 2장

→ 스카치테이프 같은 투명 테이프

→ 연필

→ 돋보기

→ 투명한 컵 또는 병

→ 무가당 코코아 파우더

→ 그림 붓이나 화장 붓

안전 유의사항

가루를 붓으로 털어 낼 때는 살살해야 지문이 뭉개지지 않아요.

지문을 떠서 무늬를 관찰해 봅시다.

실험 순서

1단계 : 왼손을 종이 위에 놓고 연필로 둘레를 따라 그려 줍니다. 왼손잡이라면 오른손을 그려 주세요. (사진 1)

2단계 : 다른 종이에 연필심을 마구 문질러 흑연으로 작은 원을 만들어 주세요. 새끼손가락이 회색이 되도록 흑연에 문질러 주세요. 흑연이 묻은 손가락을 투명 테이프의 끈적한 면에 조심스럽게 찍은 다음 살살 떼어 주세요. 지문이 깨끗하게 보일 겁니다. (사진 2)

3단계 : 종이에 그려 놓은 손의 새끼손가락에 테이프를 붙여 주세요.

사진 1 : 연필로 손가락을 따라 그립니다.

사진 2 : 흑연을 묻힌 지문을 투명 테이프로 떠 주세요.

사진 3 : 종이에 그려 놓은 손가락에 맞게 지문을 붙여 주세요.

사진 4 : 지문을 관찰합니다.

4단계 : 나머지 손가락도 똑같이 반복해 주세요. (사진 3)

5단계 : 돋보기나 눈으로 지문을 관찰해 보세요. (사진 4)

6단계 : 손바닥을 서로 문질러 손에 기름을 바른 뒤, 유리컵을 잡아 지문을 남겨 주세요.

7단계 : 붓을 이용해 컵에 있는 지문에 코코아 가루를 살살 뿌립니다.

8단계 : 남아 있는 코코아 가루를 불어서 날린 다음 테이프로 지문을 떠 주세요.

9단계 : 지문을 뜬 테이프를 하얀 종이에 붙인 뒤 손가락 지문과 비교해 보세요. 어느 손가락인지 맞출 수 있나요?

실험 속 과학 원리

피부의 가장 바깥쪽을 표피라고 하는데, 사람의 손가락 표피에 있는 울퉁불퉁한 무늬를 지문이라고 합니다. 표피에는 굴곡이 있어서 촉감도 느낄 수 있고, 물건도 잘 잡을 수 있습니다. 식구들끼리 비슷할 수는 있지만, 지문이 완전히 같은 사람은 어디에도 없습니다. 지문의 모양은 나선형, 고리형, 아치형 등이 있습니다. 손가락에 묻어 있던 땀, 기름, 잉크 혹은 다른 물질들이 지문 모양으로 자국을 남깁니다. 그래서 지문은 범죄 현장을 조사할 때 매우 중요한 단서가 됩니다. 지문에 대해 과학적으로 연구하는 학문을 피문학(皮紋學)이라고 합니다.

도전 과제

가족들의 지문을 미리 떠 놓습니다. 저녁을 먹은 뒤 물컵에 남은 지문을 가루로 채취해 보세요. 각각 누구의 물컵인지 맞출 수 있나요?

손끝에 녹말가루를 묻혀 털어 낸 다음 테이프로 지문을 떠 보세요. 검은 종이에 테이프를 붙입니다. 흑연으로 뜬 지문과 비교하면 어떤가요?

단원 05
경이로운 액체의 세계

지구에 있는 많은 바다와 호수, 강을 생각하면 물은 어디에나 있다고 생각할 수 있습니다. 만일 당신이 수도꼭지만 틀면 깨끗한 물이 나오는 위생시설이 잘된 곳에 살고 있다면 정말 운이 좋은 것입니다.

하지만 물 같은 액체는 우주의 관점에서 보면 온도와 압력이 허락하는 제한된 범위에서만 존재하는 희귀한 물질입니다. 사실 우주의 대부분은 가스와 플라즈마로 가득 차 있고 아주 적은 양의 고체와 액체가 있을 뿐입니다.

액체는 유체의 한 형태로, 담는 그릇에 따라 모양이 바뀝니다. 액체는 고체와 기체 사이에 존재하며 다양한 형태의 분자들을 가지고 있습니다. 액체 속 원자들은 응집력이라고 하는 분자 간 접착제 덕분에 서로 붙어 있습니다. 액체의 응집력과 다른 힘들의 상호 작용 때문에 재미있는 현상들이 많이 생깁니다. 이 단원에서는 액체의 색다른 특성을 이용한 실험을 해 볼 것입니다.

우유 홀치기염색

재료

→ 얕은 접시

→ 작은 컵이나 그릇

→ 우유

→ 주방 세제 또는 손 세정용 물비누

→ 면봉

→ 액상 식용 색소

표면 장력이 만들어 내는 다채롭고 경이로운 예술 작품을 감상해 봅시다.

사진 4 : 면봉으로 우유를 계속 건드려 아름다운 무늬를 만들어 보세요.

실험 순서

1단계 : 접시의 바닥을 덮을 정도로 우유를 붓습니다. 우유 층이 얇아야 실험이 잘됩니다. (사진 1)

2단계 : 작은 컵이나 그릇에 물 1큰술(15ml)과 주방 세제나 물비누 1작은술(5ml)을 넣고 섞어 주세요. 세제의 종류에 따라 실험 결과에 차이가 날 수 있어요.

사진 1 : 우유를 접시에 붓습니다.

사진 2 : 우유에 식용 색소를 떨어뜨립니다.

사진 3 : 세제에 담갔던 면봉으로 우유를 건드립니다.

단계 : 우유에 식용 색소를 몇 방울 떨어뜨립니다. 표면 장력이 깨질 때의 모습을 제대로 관찰하려면 색소를 띄엄띄엄 떨어뜨려 주세요. (사진 2)

단계 : 세제 혼합물에 면봉을 담갔다가 우유에 대어 보세요. 휘젓지는 마세요! 세제가 우유의 표면 장력을 깨면서 식용 색소가 마술처럼 소용돌이칠 거예요. (사진 3)

단계 : 면봉을 다시 세제 혼합물에 담갔다가 우유에 대어 보세요. 때로는 면봉을 접시 바닥까지 넣고 몇 초를 기다려 보세요. (사진 4)

실험 속 과학 원리

액체의 표면을 팽팽하게 당겨진 껍질이라고 상상해 봅시다. 공기를 꽉 채운 풍선의 표면을 연상하면 됩니다. 액체의 '껍질'이 서로 당기는 힘을 과학적 용어로 표면 장력이라고 합니다.

세제 때문에 팽팽한 액체 껍질이 찢어지면, 우유와 식용 색소는 이리저리 움직이고 소용돌이치면서 표면에 멋진 무늬를 만들어 낼 겁니다.

도전 과제

우유의 지방 함량이 실험에 어떤 영향을 미칠까요? 일반 우유가 저지방 우유보다 잘되나요?

접시에 부은 우유의 깊이를 조절하면 어떤 결과가 나올까요?

세제의 농도가 실험에 영향을 줄까요? 만약 우유에 희석하지 않은 세제를 떨어뜨린다면 어떤 결과가 나올까요?

헤엄치는 물고기

재료

→ 넓은 사각형 그릇이나 쿠키 팬

→ 색도화지, 골판지나 부직포

→ 가위

→ 액상 주방 세제

한 방울의 세제와 표면 장력의 힘으로 종이 물고기를 헤엄치게 해 보세요.

사진 5 : 꼬리의 홈에 주방 세제를 떨어뜨립니다.

안전 유의사항

지켜보는 사람 없이 어린아이를 물 옆에 두지 마세요.

실험 순서

1단계 : 준비한 종이에 5cm 길이로 물고기 몇 마리를 그린 다음 잘라 주세요. (사진 1, 2)

2단계 : 물고기 꼬리 부분에 작은 사각형 홈을 만들어 주세요.

3단계 : 사각 그릇에 물을 몇 cm 높이로 채워 주세요. (사진 3)

4단계 : 그릇 끝 부분에 물고기 한두 마리를 머리가 앞으로 향하게 놓아 주세요. 꼬리의 사각형 홈에 세제를 떨어뜨립니다. (사진 4, 5)

5단계 : 물을 새로 갈아서 실험을 반복해 봅니다.

1 : 도화지나 판지에 물고기를 그립니다.

사진 2 : 모양대로 잘라 줍니다.

사진 3 : 사각 그릇이나 팬에 물을 채워 줍니다.

실험 속 과학 원리

물 분자들은 서로 달라붙으려는 성질이 있습니다. 물의 표면에서는 이웃한 물 분자끼리 서로 강하게 달라붙지만 표면과 맞닿은 공기 분자와는 잘 붙지 않습니다. 이것이 바로 표면 장력의 원인이며, 물 위에 '껍질'이 생기는 이유입니다.

그릇에 담긴 물 위에 십 원짜리 동전이나 바늘을 띄울 수 있는데, 이를 통해 표면 장력을 관찰할 수 있습니다.

물에 세제를 넣으면 표면에 있는 물 분자들의 결합력이 약해지면서 표면 장력이 깨집니다. 이 실험에서 물고기 꼬리의 작은 홈에 세제 방울을 떨어뜨리면 그곳의 표면 장력이 깨지고, 그 결과 표면 장력의 힘은 세제가 없는 쪽으로 물고기를 당겨 움직이게 합니다.

결국 세제는 물에 고루 퍼지게 되므로, 이 실험을 또 하고 싶다면 물을 새로 갈아야 합니다.

사진 4 : 그릇 끝부분에 물고기가 앞을 향하도록 놓습니다.

도전 과제

더 잘 헤엄치는 물고기를 만들 수 있는 방법을 고안해 보세요. 어떤 재료가 제일 잘되나요? 쿠킹 호일이나 잎사귀는 어떤가요? 표면 장력을 깰 수 있는 다른 재료는 무엇이 있을까요?

마커 크로마토그래피

재료

→ 흰색 커피 필터나 키친타월

→ 수성 마커

→ 투명한 유리컵

→ 물

마커 잉크에 들어 있는 다양한 색소들을 분리해 봅시다.

사진 3 : 물이 필터를 타고 오르면서 색깔이 분리되는 것을 지켜봅니다.

안전 유의사항

어떤 펜은 다른 것보다 더 잘될 수 있어요. 검은색, 갈색, 회색도 해 보세요.

실험 순서

1단계 : 키친타월이나 커피 필터를 6mm 너비로 길게 잘라 주세요.

2단계 : 종이 아래에서 1.3cm 부분에 펜으로 큰 점이나 줄을 그려 주세요. 원하는 색을 다른 종이에 몇 개 더 만들어 둡니다. 검은색, 갈색, 초록색은 꼭 넣도록 합니다. 점 하나에 여러 가지 색을 칠해서 실험하면 재미있는 결과를 볼 수 있어요. (사진 1)

3단계 : 유리컵에 물을 붓습니다.

4단계 : 점이 물 바로 윗부분에 오도록 종이를 넣어 주세요. 물이 종이를 타고 오르면 컵에 종이가 달라붙을 거예요. 원한다면 종이를 컵에 걸어 놓아도 됩니다. (사진 2)

사진 1 : 종이에 각각 다른 색 점이나 줄을 그려 줍니다.

사진 2 : 물 바로 위에 마커로 그린 점이나 선이 오도록 종이를 걸어 줍니다.

사진 4 : 실험 결과를 미술 작품에 활용하거나 과학 일지에 붙여 보세요.

단계 : 색깔이 분리되기를 기다립니다. 다 되면 종이를 말려 과학 일 ㅣ에 붙이거나 미술 작품에 활용해 보세요. (사진 3, 4)

6단계 : 키친타월이나 자르지 않은 커피 필터에 점을 여러 개 그린 다음 유리컵 위에 놓고 스포이트나 빨대로 물을 방울방울 떨어뜨려 보세요. 색깔이 원모양으로 퍼지는데 은근히 재미있어요.

실험 속 과학 원리

액체 크로마토그래피의 한 종류로, 잉크 속의 색소를 분리해 내는 데 물을 이용합니다.

종이의 한쪽 끝을 물에 담그면 물 분자가 종이를 타고 올라가면서 윗부분을 적십니다. 물이 잉크에 닿으면 잉크 속에 있는 색소가 녹고, 색소는 물 분자와 함께 위로 올라갑니다. 어떤 색소 분자는 작고 가벼워 빨리 올라가고, 어떤 색소 분자는 크고 무거워 느리게 올라갑니다. 이런 속도의 차이 때문에 잉크 속의 색소들이 분리됩니다. 마커의 색을 구성하는 화학 물질들이 종이 위에 펼쳐지는 것입니다.

도전 과제

물 대신에 화이트 식초나 유리 세정제를 사용해 보세요. 같은 결과가 나오나요?

컵 속에 뜬 무지개

재료

→ 뜨거운 수돗물 2컵(480ml)

→ 계량컵과 계량스푼

→ 병이나 물컵

→ 백설탕 20큰술[1+1/4컵(260g)]

→ 식용 색소

→ 가늘고 긴 컵 또는 시험관

→ 스포이트나 빨대 또는 숟가락

설탕물 무지개를 만들면서 밀도 차이로 만들어지는 그러데이션을 체험해 보세요.

사진 5 : 무지개를 완성하세요.

안전 유의사항

뜨거운 물을 다룰 때는 조심하세요.

컵에 층을 만들 때는 아주 천천히 조심스럽게 부어 주세요. 안 그러면 무지개가 뒤죽박죽될 거예요.

실험 순서

1단계 : 4개의 병이나 컵에 뜨거운 수돗물을 1/ 컵(120ml)씩 부어 주세요. 컵에 각각 '빨간색/2큰술', '노란색/4큰술', '초록색/6큰술', '파란색/8큰술'이라고 써 붙입니다. (사진 1)

2단계 : 적어 놓은 대로 색소를 2방울씩 넣어 줍니다. (사진 2)

3단계 : 첫 번째 컵에 설탕 2큰술(26g)을 넣습니다.

4단계 : 두 번째 컵에 설탕 4큰술(52g)을 넣습니다.

5단계 : 세 번째 컵에 설탕 6큰술(78g)을 넣습니다. (사진 3)

6단계 : 네 번째 컵에 설탕 8큰술(104g)을 넣어 줍니다. 설탕의 양을 늘려서 녹일수록 설탕 용액의 밀도가 높아집니다.

7단계 : 설탕이 다 녹을 때까지 저어 줍니다. 설탕이 다 안 녹으면 전자레인지에 넣고 30초 돌린 다음 저어 줍니다. 뜨거운 용액을 다룰 때는 늘 조심하세요. 그래도 설탕이 안 녹는다면 따뜻한 물 1큰술 (15ml)을 더 넣고 저어 보세요.

사진 1 : 뜨거운 수돗물을 계량해서 컵에 넣고 라벨을
붙입니다.

사진 2 : 라벨에 쓰여 있는 대로 색소를 넣어 줍니다.

사진 3 : 컵별로 정확한 양의 설탕을 넣어 줍니다.

사진 4 : 지시대로 조심스레 층을 만듭니다.

단계 : 가장 밀도가 높은 파란색 설탕 용액을 좁고 긴 컵이나 시험관에 2.5cm
도 부어 줍니다.

단계 : 스포이트나 빨대로 다음으로 밀도가 높은 초록색 용액을 천천히 부어
줍니다. 컵의 가장자리에 붙여서 용액이 벽을 타고 흐르게 해야 잘됩니다. 컵 가
자리에 숟가락을 뒤집어 대고 떨어뜨려도 됩니다.

0단계 : 같은 방법으로 노란색 용액도 부어 줍니다. (사진 4)

1단계 : 밀도가 가장 낮은 빨간색 용액을 마지막으로 부어 무지개를 완성합니
다. (사진 5)

실험 속 과학 원리

밀도는 질량(얼마나 많은 원자들이 들어 있나)을 부피(얼마나 큰 공간을 차지하나)로 나눈 것입니다. 설탕 분자는 아주 많은 원자들이 결합되어 있습니다. 1/2컵(120ml)의 물에 설탕을 많이 넣을수록 설탕 원자들이 많이 들어가게 되고 밀도는 높아집니다. 낮은 밀도의 용액은 높은 밀도의 용액 위에 놓일 수 있습니다. 그래서 설탕 2큰술(26g)을 넣은 용액이 더 많은 설탕이 녹아 있는 용액 위에서 섞이지 않고 떠 있는 것입니다.

과학자들은 시험관을 원심분리기에 넣고 아주 빠르게 돌려 세포를 부순 다음, 밀도차를 이용해 세포를 부위별로 분리해 내기도 합니다. 세포의 파편들은 각기 모양도 다르고 분자량도 다릅니다. 그래서 각기 다른 비율로 움직이기 때문에 연구에 필요한 세포 부위만 추출해 낼 수 있습니다.

도전 과제

💡 무지개 층을 더 만들 수 있나요? 얼마 동안 층이
그대로 유지될까요?

불에 타지 않는 풍선

재료

→ 풍선

→ 물

→ 라이터나 긴 성냥

물 풍선에 불을 질러 구멍을 내 보세요.

불을 사용할 때는 어른이 지켜봐 주세요.

안전을 위해 이 실험은 야외나 싱크대에서 하는 것이 좋아요.

실험 순서

1단계 : 풍선에 물을 채운 다음 묶어 주세요. (사진 1)

2단계 : 풍선 바닥에 불을 갖다 대어 보세요. (사진 2)

3단계 : 얼마나 지나야 풍선에 불이 붙을까요? 아니면 아예 타지 않을까요?

4단계 : 물 풍선 싸움은 알아서~ (사진 3)

사진 1 : (위) 풍선에 물을 채웁니다.
사진 2 : (왼쪽) 풍선 아래에 불꽃을 갖다 댑니다.

사진 3 : 풍선을 터뜨릴 다른 방법을 찾아보세요.

실험 속 과학 원리

물은 갈증을 해소하는 용도로만 쓰는 것이 아닙니다. 우리 몸의 60~79%가 물로 이루어져 있으며, 우리 몸의 온도를 조절하는 데 중요한 역할을 합니다.

과학자들은 어떤 물질의 온도를 1℃ 올리는 데 드는 열량을 비열이라고 합니다. 물의 비열은 다른 물질들에 비해 높은 편입니다. 이 말은 상당한 양의 열을 흡수하거나 방출하더라도 온도 변화는 별로 크지 않다는 뜻입니다.

풍선에 들어 있는 물의 높은 비열 덕분에 불꽃에서 전달되는 열에너지를 물이 대부분 흡수합니다. 그래서 고무풍선이 녹지 않습니다. 풍선이 살아 있는 세포라고 상상해 보세요. 주변 온도가 변하더라도 세포 속에 들어 있는 물이 세포를 잘 보호할 걸 알 수 있습니다.

도전 과제

얼린 물 풍선으로 같은 실험을 하면 어떤 결과가 나올까요? 물 대신 소금물을 사용하면 어떻게 될까요?

실험 22

둥둥 얼음낚시

재료

→ 얼음

→ 실온의 물

→ 요리용 면실 또는 털실

→ 가위

→ 소금

실과 소금만으로 컵에 든 얼음을 들어 올려 보세요.

사진 1 : 실을 잘라 주세요.

실험 순서

1단계 : 준비한 실을 15cm 길이로 자른 다음 물에 얼음을 몇 개 넣어 주세요. (사진 1, 2)

2단계 : 실을 얼음 위에 잠시 대고 있다가 들어 올려 보세요. (힌트 : 너무 애쓰지 마세요. 어차피 안 돼요.)

3단계 : 실을 물에 적신 다음 얼음 위에 걸쳐 놓고 그 위에 소금을 넉넉하게 뿌려 줍니다. (사진 3)

4단계 : 1, 2분 정도 기다렸다가 실을 들어 보세요. 이번에는 잘될 거예요.

사진 2 : 물에 얼음을 몇 개 띄웁니다.

사진 3 : 얼음 위에 젖은 끈을 놓고 소금을 한두 꼬집 가득 뿌려 줍니다.

실험 속 과학 원리

물의 어는점과 얼음의 녹는점은 0℃입니다. 하지만 물에 소금을 타면 물의 어는점과 얼음의 녹는점이 낮아집니다.

이 실험에서 소금은 주위의 물로부터 열을 빼앗아 실 주위의 얼음을 녹입니다. 실 주위의 차가워진 물은 다시 얼기 때문에 얼음을 들어 올릴 수 있습니다.

물의 어는점은 섞여 있는 물질에 따라 달라집니다. 소금의 경우 −9℃에서도 얼음을 녹일 수 있습니다. 하지만 −18℃가 되면 녹일 수 없습니다. 도로의 눈과 얼음을 녹이는 제설제로 쓰이는 다른 화학 물질 중에는 −29℃로 어는점이 훨씬 낮은 것도 있습니다.

도전 과제

소금 대신 설탕으로 해도 잘될까요? 또 어떤 재료가 있을까요?

단원
06

단원 06
고분자, 콜로이드와 발칙한 물질들

부엌에서 만들어 가지고 놀 수 있는 몰랑몰랑한 물질들이 많습니다. 이 단원에서는 그런 물질을 가지고 즐겁게 놀 수 있는 방법을 소개할 것입니다.

지퍼 백을 가지고 놀아 보세요. 우유, 세탁 세제, 접착제를 가지고 홈메이드 접착제나 여러 가지 모양의 우유 플라스틱도 만들어 보세요. 젤라틴으로는 맛있는 간식도 만들 수 있지만 확산을 배우는 데 유용한 콜로이드라고 불리는 특수 용액도 만들 수 있습니다.

녹말에 물을 약간만 더하면 재미있는 놀잇감이 됩니다. 이것은 전단농화 유체라고 부르는 비뉴턴 유체인데 휘저을수록 더욱 단단하고 끈적해지는 성질이 있습니다. 이와 반대로 비뉴턴 유체의 범주에 속하지만 움직일수록 부드러워지는 전단담화 유체도 있습니다. 이 성질을 이용해 주방 세제를 가지고 분수를 만들 수 있습니다.

이 실험에 나오는 재료로 할 수 있는 다른 실험도 개발해 보세요.

23 지퍼 백 마술

재료

→ 지퍼 백(냉동용이 더 잘되요)

→ 물

→ 식용 색소

→ 대나무 꼬치

뾰족한 막대기로 물이 든 봉지를 찌르면 물이 새어 나올까요?
다시 생각해 보세요.

사진 2 : 나무 꼬치를 물을 관통해서 찔러 넣습니다.

실험 순서

1단계 : 지퍼 백에 물을 채워 주세요.

2단계 : 식용 색소를 한두 방울 떨어뜨리고 지퍼 백을 닫아 주세요. (사진 1)

사진 1 : 지퍼 백에 든 물에 식용 색소를 넣고 다시 밀봉해 주세요.

사진 3 : 물이 샐 때까지 얼마나 많은 꼬치를 꽂을 수 있을까요?

3단계 : 대나무 꼬치를 천천히 찔러 넣어 반대편까지 통과시킵니다. 공기가 있는 부분은 찌르지 마세요. (사진 2)

4단계 : 꼬치를 몇 개나 찔러 넣어야 물이 새는지 확인해 보세요. (사진 3)

실험 속 과학 원리

플라스틱은 길고 탄력 있는 분자들로 이루어진 중합체입니다. 그래서 꼬챙이로 찌른 구멍 주변을 막아 줍니다. 중합체의 밀봉 능력 덕분에 봉지의 내용물이 새어 나오지 않습니다.*

도전 과제

이 실험을 다른 액체로 해도 될까요? 물이 뜨겁거나 차가우면 어떨까요? 공기가 있는 부분을 관통하면 어떻게 될까요?

---

* 게다가 물의 표면 장력 때문에 조그만 틈으로는 잘 새지 않는 측면도 있다.

미치광이 과학자의
녹색 젤리 괴물

재료

→ 그릇

→ 흰색 목공풀

→ 물

→ 계량컵과 계량스푼

→ 병이나 그릇

→ 숟가락

→ 녹색 색소

→ 따뜻한 물 한 컵(235ml)

→ 붕사(borax)가 들어 있는 가루 세탁 세제 1큰술 가득(20g)

안전 유의사항

교차 결합 용액과 반죽에는 세제가 들어 있기 때문에 어린아이는 꼭 지켜봐 주세요.

여러 명이 같이 실험하면 미리 목공풀 반죽을 여러 개로 나누어 준비한 다음 세제 용액을 한 번에 넣도록 합니다.

접착제와 세탁 세제로 끈적끈적하고 몰랑몰랑한 중합체 혼합물을 만들어 봅시다.

사진 5 : 그릇에서 젤리 괴물을 쭈욱 당겨 보세요.

실험 순서

1단계 : 같은 양의 목공풀과 물을 그릇에 넣고 섞습니다. 예를 들어 목공풀 1/3컵(80g)과 물 1/3컵(80g)을 섞어 주세요.

2단계 : 색소를 몇 방울 떨어뜨리고 다시 저어 줍니다. 이것이 중합체(polymer) 용액입니다. (사진 1)

3단계 : 세제 용액을 만들기 위해 따뜻한 물을 병이나 그릇에 부어 줍니다. 세제를 물에 넣고 저으면서 가능한 한 많이 녹여 줍니다. (사진 2)

4단계 : 목공풀 반죽에 세제 용액을 한 번에 1작은술(5ml)씩 넣어 줍니다. 계속 넣으면서 젓다 보면 기다란 실이 생기면서 끈적끈적해질 거예요. 반죽이 끈적거리지 않을 때까지 세제 용액을 넣다 보면 표면이 고무처럼 매끈해질 거예요. (사진 3)

만약 세제 용액을 너무 많이 넣었다면 축축한 느낌이 들 거예요. 손으로 꾹 짜서 물기를 제거하면 됩니다!

사진 1 : 물을 탄 접착제에 식용 색소를 넣고 섞어 줍니다.

사진 2 : 붕사 세제를 물에 넣어 교차 결합 용액을 만듭니다. 젤리 괴물을 만들고 싶어 하는 아이들에게 접착제 용액을 나누어 주세요.

분자는 물질의 특성을 가지는 가장 작은 입자입니다. 예를 들어 물 분자 하나는 H_2O입니다. 접착제는 구슬 목걸이처럼 분자들이 길게 연결된 중합체입니다. 이 실험에서 물과 접착제로 만드는 중합체는 폴리비닐아세테이트입니다.

붕사 용액은 교차 결합 물질로 쓰이는데, 접착제의 중합체 사슬을 서로 연결시키는 역할을 합니다. 더 많은 사슬이 연결될수록 움직이기 어렵기 때문에 반죽은 더 뻑뻑해집니다. 결국 모든 사슬이 연결되고 나면, 교차 결합 물질은 더 이상 작용하지 않습니다.

도전 과제

목공풀을 물로 희석하지 않고 실험하면 어떻게 될까요? 1:1 이상으로 물을 넣으면 어떤 결과가 나올까요?

사진 3 : 접착제 혼합물에 세제 용액을 끈적이지 않을 때까지 한 숟가락씩 넣어 줍니다.

사진 4 : 젤리 괴물로 공이나 뱀을 만들어 보세요.

5단계 : 젤리 괴물을 그릇에서 꺼내서 기다란 뱀을 만들거나 통통 튀는 공을 만들어 보세요. 젤리 괴물은 비닐에 넣어 보관합니다. 양을 늘리려면 목공풀과 물을 동량으로 섞어 필요한 만큼 세제 용액을 넣어 주세요. (사진 4, 5)

우유 접착제와 우유 플라스틱

재료

우유 접착제 재료

→ 우유 1컵(235ml)

→ 그릇 2개

→ 화이트 식초 1/3컵(80ml)

→ 체 또는 커피 필터

→ 베이킹소다 1/8작은술(0.6g)

→ 물(필요하면)

우유 플라스틱 재료

→ 우유 4컵(946ml)

→ 중간 크기의 냄비

→ 화이트 식초 1/4컵(60ml)

→ 내열성 숟가락

→ 체

안전 유의사항

우유를 데울 때는 어른이 지켜 봐 주세요.

사진 7 : 우유 플라스틱으로 원하는 모양을 만든 다음 말려 줍니다.

우유는 눈에 보이는 게 전부가 아닙니다. 식초를 넣어 접착제나 플라스틱으로 바꿀 수도 있어요.

우유 접착제 실험 순서

1단계 : 우유를 그릇에 부어 주세요. 여기에 식초를 넣고 저어 주세요. (사진 1)

2단계 : 체나 커피 필터로 커드라고 부르는 하얀색 덩어리를 걸러 주세요. 그리고 손으로 짜서 남은 물기를 제거합니다. 커드를 깨끗한 그릇에 넣어 주세요. (사진 2)

3단계 : 베이킹소다를 커드에 넣고 잘 섞어 주세요. 베이킹소다와 식초가 반응해 거품이 날 거예요. 만약 접착제가 너무 뻑뻑하다면 물을 약간 더해 주세요. 미술 활동에 홈메이드 접착제를 사용해 보세요. (사진 3)

4단계 : 남은 접착제는 냉장고에 넣어 두면 이틀 동안 쓸 수 있어요.

우유 플라스틱 실험 순서

1단계 : 냄비에 우유를 넣고 중간 불로 끓기 직전까지 데워 줍니다. (사진 4)

사진 1 : 우유에 식초를 넣습니다.

사진 2 : 체로 커드를 걸러 냅니다.

사진 3 : 접착제로 그림을 그려 보세요.

사진 4 : 우유를 끓기 전까지 끓여 주세요.

사진 5 : 우유에 식초를 넣고 저어 주세요.

사진 6 : 커드를 걸러 낸 다음 식혀 줍니다.

2단계 : 뜨거운 우유에 식초를 넣고 저어 주세요. 커드라는 하얀색 덩어리가 분리되어 나올 거예요. (사진 5)

3단계 : 체에 내린 다음 커드를 식혀 주세요. 커드를 짜서 남은 물기를 제거한 뒤 깨끗한 그릇에 담아 둡니다. (사진 6)

4단계 : 커드의 물기를 완전히 제거하고 부드러워질 때까지 치대 줍니다.

5단계 : 커드로 동물 모양을 만들거나 이쑤시개에 끼워 구슬을 만들어 보세요. (사진 7) 우유 플라스틱이 마르면 색을 칠해도 됩니다.

실험 속 과학 원리

우유는 카세인이라는 단백질을 가지고 있습니다. 카세인은 중합체, 즉 분자들의 사슬구조로 되어 있어서 덩어리가 완전히 굳기 전까지는 휘고 움직일 수 있습니다.

카세인은 산과 섞이지 않습니다. 식초는 산성이라서 우유에 넣으면 유지방, 미네랄, 카세인 단백질을 뭉쳐 커드를 만듭니다. 우유 커드 속의 카세인을 이용하여 접착제를 만들 수 있는데, 알다시피 치즈도 우유의 커드로 만듭니다.

도전 과제

같은 실험을 레몬주스 같은 다른 산성 용액을 가지고도 할 수 있을까요? 접착제에 베이킹소다를 더 넣으면 어떻게 될까요?

젤라틴 확산 실험

재료

→ 물 4컵(946ml)

→ 중간 크기의 냄비

→ 향이 없는 가루 젤라틴 112g

→ 내열성 숟가락

→ 식용 색소

→ 투명한 내열성 그릇 또는 배양 접시

→ 빨대

→ 이쑤시개

확산을 이해할 수 있도록 알록달록 동그라미를 만들어 봅시다.

사진 4 : 식용 색소가 젤라틴에서 얼마나 빨리 퍼지는지 한 시간마다 재어 보세요.

실험 순서

1단계 : 중간 크기 냄비에 물을 넣고 끓입니다. 끓는 물에 젤라틴을 넣고 녹을 때까지 저어 줍니다. 그리고 약간 식혀 주세요.

2단계 : 녹은 젤라틴을 내열성 용기나 배양 접시에 1.5cm 정도 부은 다음 굳혀 주세요. (사진 1)

3단계 : 빨대를 이용해 5mm 깊이로 구멍을 여러 개 뚫어 주세요. 바닥까지 뚫지 않도록 조심합니다. 이쑤시개로 동그랗게 파인 젤라틴 덩어리를 떼어 냅니다. (사진 2)

4단계 : 구멍마다 다른 색 식용 색소를 떨어뜨립니다. 같은 방법으로 접시를 여러 개 만듭니다. (사진 3)

5단계 : 한두 개는 냉장고에 나머지는 실온에 놓아둡니다.

6단계 : 색깔 원이 바깥쪽으로 얼마나 퍼졌는지 가끔 재어 봅니다. 한 시간에 몇 센티미터나 퍼져 나갔나요? 온도가 영향을 주나요? (사진 4, 5)

사진 1 : 내열성 용기 여러 개에 젤라틴 용액을 1.5cm 높이로 부어 줍니다.

사진 2 : 빨대를 이용해 젤라틴에 구멍을 만듭니다.

사진 3 : 구멍에 식용 색소를 넣어 줍니다.

사진 5 : 식용 색소가 실온에서 더 잘 퍼지나요? 냉장고에서 더 잘 퍼지나요?

실험 속 과학 원리

친수성 콜로이드로 알려진 젤라틴은 수용액에 작은 입자들이 떠다니는 특수 물질입니다. 젤라틴은 한천과 비슷해서, 일반적인 유체에서 볼 수 있는 대류 운동이 일어나지 않기 때문에 확산 실험을 하는 데 좋습니다.

확산은 비슷한 분자들이 많이 모여 있는 밀도가 높은 곳에서, 성기게 모여 있는 밀도가 낮은 곳으로 분자가 이동하는 현상을 말합니다. 한 공간에서 분자들이 골고루 퍼지면 평형 상태가 됐다고 말합니다. 어떤 상자가 있는데, 절반을 노란 공들로 채우고 나머지를 파란 공으로 채웠다고 생각해 보세요. 이 상자를 끊임없이 진동하는 장치 위에 둔다면, 공들이 무작위로 움직이면서 결국에는 파란 공과 노란 공이 골고루 섞일 것입니다.

분자들의 확산 속도에 영향을 주는 것은 여러 가지입니다. 대표적으로 온도를 들 수 있습니다. 분자가 가열되면 더 빨리 진동하고 움직입니다. 그래서 더 빠른 시간에 평형 상태가 됩니다.

확산은 기체와 액체뿐 아니라 고체에서도 일어납니다. 오염 물질이 한곳에서 다른 곳으로 옮겨 가는 것도 확산입니다. 세균은 생존에 필요한 물질들을 세포막을 통과하는 확산을 통해 얻습니다. 우리의 몸도 확산 현상을 통해 산소, 이산화탄소, 물을 교환하면서 살아갑니다.

도전 과제

적양배추 즙 2컵(475ml), 물 2컵(475ml), 젤라틴 28g으로 이 실험을 해 보세요. 색소 대신 식초와 베이킹소다 물을 떨어뜨려 얼마나 빨리 퍼지는지 확인해 보세요. 적양배추의 색소는 산성에서는 분홍색으로 염기성에서는 파란색이나 초록색으로 변하는 성질이 있습니다!

녹말 반죽

재료

→ 중간 크기의 그릇

→ 숟가락(필요하면)

→ 녹말가루 1컵과 2큰술(150g)

→ 물 1/2컵(120ml)

→ 식용 색소(색깔 반죽을 만들
　고 싶으면)

안전
유의사항

식용 색소가 손이나 옷에 묻을 수 있으니 조심하세요.

색깔 반죽을 만들려면 녹말과 섞기 전에 물에 식용 색소를 타면 편해요.

식용 색소를 사용하지 않는다면 물만으로도 쉽게 청소할 수 있어요.

비뉴턴 유체로 재미 좀 볼까요?

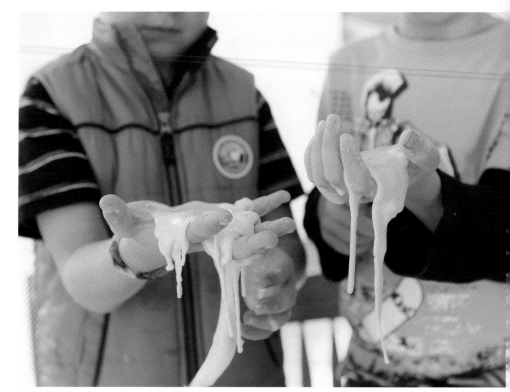

사진 5 : 반죽을 손에 가만히 두면 어떻게 될까요?

실험 순서

1단계 : 녹말가루, 물, 식용 색소를 그릇에 넣고 숟가락이나 손가락을 이용해 섞어 주세요. 반죽은 진한 시럽의 농도와 비슷해야 합니다. (사진 1, 2, 3)

2단계 : 반죽을 뭉쳐 공 모양으로 빚어 주세요. (사진 4)

3단계 : 공으로 만든 반죽을 가만히 두어 손가락 사이로 흘러내리게 해 보세요. (사진 5)

사진 1 : 녹말가루에 물을 넣습니다.

사진 2 : 물과 녹말가루를 섞어 주세요.

사진 3 : 반죽에 식용 색소를 넣어 줍니다.

사진 4 : 반죽을 손에 놓고 공처럼 만들어 보세요.

실험 속 과학 원리

대부분의 유체나 고체는 예측한 대로 움직입니다. 일반적인 유체와 고체는 밀고 당기고 쥐어짜고 붓고 흔들어도 그 성질을 유지합니다. 하지만 비뉴턴 유체로 알려진 일부 유체들은 이 규칙을 따르지 않습니다. 그 별종 중에서 대표적인 것이 녹말 반죽입니다. 녹말 반죽은 전단응력이 가해지면 점성이 높아지는 비뉴턴 유체입니다. 풀어 말하면 녹말 반죽에 큰 힘을 가하면 녹말 분자들이 재배치되면서 고체처럼 딱딱해진다는 겁니다.

녹말 반죽을 손에 올려 두면 일반적인 유체처럼 서서히 손가락 사이로 흘러내립니다. 그러나 반죽을 꽉 쥐거나 휘젓거나 손에서 굴리면 단단한 고체처럼 느껴집니다.

머지않아 이런 특이한 유체를 이용해 날아오는 총알도 막아 내는 방탄조끼를 만들 수 있을지도 모릅니다.

도전 과제

실험보다 물을 더 넣거나 덜 넣으면 어떻게 될까요? 같은 특성을 보여 줄까요? 비뉴턴 유체를 어디에 활용하면 좋을까요?

4단계 : 반죽을 쟁반이나 쿠키 팬에 붓습니다. 손으로 반죽을 때려 보세요. 찰싹 소리가 나나요?

5단계 : 반죽이 굳으면 물만 조금 더 넣어 주세요.

카에 효과

재료

→ 의자

→ 테이프

→ 손 세정용 물비누나 주방 세제

→ 지퍼 백

→ 넓은 접시나 냄비

→ 가위

→ 1mm짜리 제빵용 깍지
 (원한다면, 노트 참조)

안전 유의사항

실험을 시작하기 전에 141쪽 참고 자료에 있는 '카에 효과' 동영상을 보기 바랍니다. 실험을 준비하는 데 도움이 될 겁니다.

최상의 결과를 얻기 위해서는 실제 과학자처럼 여러 가지 변수들을 고려하면서 실험해야 합니다. 사용하는 비누의 종류, 구멍의 크기, 지퍼 백을 매달 높이 등이 최적화되어야 비누 분수를 볼 수 있습니다.

사진 5 : 세제 분수가 1~2초 정도 계속되기도 해요.

물비누로 신기한 분수를 만들어 당신의 실험 기술을 증명해 보세요.

실험 순서

1단계 : 지퍼 백에 물비누나 주방 세제를 반 정도 채운 뒤 식용 색소를 몇 방울 떨어뜨립니다. (사진 1)

2단계 : 지퍼 백의 한쪽 귀퉁이가 아래로 향하도록 의자에 테이프로 고정해 주세요. 접시에서 60cm 정도 위에 매달면 됩니다. (사진 2)

3단계 : 세제가 아래로 떨어질 수 있도록 가위로 아주 작은 구멍(1mm)을 내 주세요. 세제 줄기가 끊어지지 않고 아주 가늘게 떨어지게 하려면 구멍을 조금 더 크게 내야 할 수도 있습니다. (사진 3)

4단계 : 세제가 고인 접시 위에서 분수가 튀어 오르는 것을 관찰해 보세요. (사진 4, 5)

노트 : 이 실험의 아이디어를 제공한 물리학자는 지퍼 백 안에 1mm짜리 깍지를 끼우고 20cm 높이에 매달아 실험을 했습니다. (141쪽 참고 자료를 확인하세요.)

사진 1 : 물비누를 지퍼 백에 넣어 줍니다.

사진 2 : 지퍼 백을 한쪽 귀퉁이가 아래로 향하도록
~~자~~에 매달아 줍니다.

사진 3 : 지퍼 백 귀퉁이에 아주 작은 구멍을 내 줍니다.

진 4 : 세제가 고인 곳에서 분수가 튀어 오르는 것을 관찰하세요.

실험 속 과학 원리

토마토케첩, 흘러내리지 않는 페인트, 물비누, 샴푸 등은 모두 비뉴턴 유체에 해당합니다. 이 유체들은 가만히 있을 때는 점성이 꽤 높습니다. 하지만 흐르기 시작하면 보통 '액체'와 비슷해집니다. 즉, 이 유체들은 움직이면 점성이 낮아지며 잘 발리고 잘 미끄러집니다.

1963년 공학자 아서 카에(Arthur Kaye)는 유체를 가늘게 떨어뜨렸더니 바닥에서 분수처럼 튀어 오르는 현상을 발견했습니다. 이 특이한 현상을 '카에 효과'라고 부릅니다.

도전 과제

지퍼 백 아래에 있는 접시를 기울여서 실험하면 어떤 결과가 나올까요?

단원
07

단원 07
산과 염기

이 단원에서는 산과 염기를 알아보기 위해 식물의 색소를 사용할 것입니다.

산과 염기는 물에 녹으면 반대의 극성을 띱니다. 산이 물에 녹으면 양전하를 띤 수소 이온(양성자)이 나오는 반면, 염기는 이 양성자를 잡아먹거나 음이온(수산화 이온)을 내놓습니다. 용액에 얼마나 많은 수소 이온이 녹아 있는가에 따라 산성과 염기성을 나타내는데, 이것을 pH라는 수치로 표현합니다. pH는 가장 강한 산성을 나타내는 pH 0부터 가장 강한 염기성을 나타내는 pH 14까지의 값을 가질 수 있습니다.

물은 수소 이온과 수산화 이온의 양이 거의 같아서 pH 7 중성입니다. 위산은 pH 1, 피클은 pH 3보다 조금 높고, 집에서 쓰는 표백제는 pH 9에서 10 정도입니다.

대부분의 과학자들은 용액의 pH를 알아보기 위해 특정 식물의 색소가 들어 있는 특별한 종이를 사용합니다. 색소는 사물의 색깔을 부여하는 분자인데, 어떤 색소는 산/염기 지시약으로 쓰입니다. 즉, 그 색소가 pH가 다른 용액에 노출되면 그에 맞는 색깔로 변한다는 뜻입니다. 최초의 리트머스 종이는 이끼로 만들어졌지만 적양배추와 커피 필터로 직접 만들 수 있습니다.

적양배추 리트머스 종이

재료

→ 적양배추 한 통

→ 중간 크기의 냄비

→ 물

→ 내열성 숟가락

→ 흰색 커피 필터 또는 키친타월

→ 가위

안전 유의사항

양배추를 다지고 삶는 것은 어른이 하고, 양배추 즙이 식은 다음 아이에게 주세요.

노트 : 불을 사용하지 않으려면 양배추 반 통을 잘게 잘라 블렌더에 넣고 물 3컵(710ml)을 부은 다음 갈아 주세요. 체에 내린 후 한쪽 귀퉁이를 자른 지퍼 백에 커피 필터를 넣고 다시 한번 걸러 주세요.

적양배추와 커피 필터로 예쁜 산/염기 지시약을 만들어 봅시다.

사진 4 : 종이를 식초, 비누, 레몬즙, 베이킹소다 용액에 담가 보세요.

실험 순서

1단계 : 적양배추 반 통을 잘게 잘라 냄비에 넣고 양배추가 덮일 만큼 물을 부어 주세요. (사진 1) 뚜껑을 열고 15분 동안 삶으면서 가끔씩 저어 줍니다.

2단계 : 즙이 식으면 체에 내려 병이나 그릇에 부어 둡니다.

3단계 : 적양배추 즙에 키친타월이나 커피 필터를 몇 분 동안 담가 둡니다. (사진 2)

4단계 : 담근 종이를 적양배추 즙에서 건져 얼룩이 묻지 않을 곳에 두고 말립니다. 드라이어를 사용하면 빨리 말릴 수 있습니다. 색을 좀 진하게 만들려면 이 과정을 반복해 주세요. 다 마르면 2cm 너비로 길게 잘라 줍니다. (사진 3)

사진 1 : 적양배추를 잘게 자릅니다.

사진 2 : 커피 필터나 키친타월을 적양배추 즙에 담가 주세요.

사진 3 : 양배추 즙에 물들인 종이를 리트머스 종이로 사용합니다.

5단계 : 이것이 리트머스 종이입니다. 리트머스 종이를 비눗물, 레몬즙, 베이킹소다 물, 화이트 식초 등에 담가 실험해 봅니다. 산성이면 분홍색이나 빨간색으로 변하고 염기성이면 파란색이나 초록색으로 변할 거예요. (사진 4, 5)

사진 5 : 리트머스 종이가 산성에서는 분홍색으로 염기성에서는 파란색으로 변할 거예요.

 실험 속
과학 원리

산성 물질은 물에 녹아 분해되면 양전하를 띠는 수소 이온을 내놓습니다. 염기성 물질도 물에 녹아 분해되면 수산화 이온이 생기는데, 이 수산화 이온은 수소이온(산성)과 결합하려는 성질이 있습니다.

적양배추 즙의 색깔을 결정하는 분자를 색소라고 합니다. 이 색소는 산-염기 지시약이라는 특별한 성질을 가집니다. 산에 접촉하느냐 염기에 접촉하느냐에 따라 색소 분자의 모양이 약간 바뀝니다. 이로 인해 흡수하는 빛의 파장이 달라지고, 결국 색깔이 변하게 됩니다. 그래서 적양배추 리트머스 종이를 산성에 노출하면 빨강 혹은 분홍색으로 변하고, 염기에 노출하면 초록이나 파란색으로 변하는 것입니다.

도전 과제

남은 양배추 즙은 실험 1 '색깔이 변하는 마법의 물약', 실험 26 '젤라틴 확산 실험' 또는 실험 30 '해양 산성화 실험'에 활용하세요.

해양 산성화 실험

재료

→ 적양배추 한 통

→ 칼

→ 중간 크기의 냄비

→ 물

→ 탄산수

→ 내열성 숟가락

→ 커피 필터를 끼운 지퍼 백(원한다면, 노트 참고)

→ 투명한 작은 컵이나 시험관

→ 빨대(원한다면)

안전 유의사항

양배추 즙에 독성은 없지만 다지고 끓일 때는 어른이 해 주세요. 즙이 식으면 아이들한테 주세요.

적양배추 즙과 탄산수, 날숨으로 이산화탄소에 의한 해양 산성화를 체험해 봅시다.

사진 3 : 이산화탄소가 양배추 즙을 산성화시켰기 때문에 분홍색으로 바뀝니다.

실험 순서

1단계 : 적양배추 반 통을 잘게 잘라 냄비에 넣고 양배추가 잠길 만큼 물을 부어 주세요. 뚜껑을 열고 15분 정도 삶으면서 가끔씩 저어 줍니다.

2단계 : 식으면 체에 내려 병이나 그릇에 담아 둡니다.

3단계 : 작은 컵이나 시험관 두 개에 양배추 즙을 10ml씩 담아 주세요.

4단계 : 한쪽 컵에는 탄산수를 다른 컵에는 수돗물을 같은 양으로 넣어 주세요. 더 정확하게 하려면 같은 수원의 물을 사용하는 것이 좋습니다. 물에 드라이아이스를 녹여 탄산수를 만들어 써도 됩니다. (사진 1)

5단계 : 색깔의 변화가 있는지 관찰합니다. 적양배추 즙은 산성을 만나면 분홍색으로 염기성을 만나면 파란색으로 변합니다. (사진 2, 3)

6단계 : (선택 사항) 두 개의 작은 컵이나 시험관에 적양배추 즙을 1~2ml씩 넣어 줍니다. 한쪽에 빨대를 꽂고 다른 쪽 양배추 즙보다 약간 분홍색을 띨 때까지 몇 분간 숨을 불어 넣습니다. 인내심을 가지세요! 컵보다 시험관에서 하는 것이 즙이 덜 튀어 좋습니다. (사진 4, 5)

사진 1 : 한쪽 양배추 즙에는 그냥 물을 다른 쪽 즙에는 탄산수를 넣어 주세요.

사진 2 : 색깔 변화를 관찰합니다.

사진 4 : 적은 양의 양배추 즙에 빨대를 꽂고 불어 보세요.

노트 : 불을 사용하지 않으려면 적양배추 반 통을 잘게 잘라 물 3컵(710ml)과 함께 블렌더에 갈아 주세요. 체에 내린 다음 한쪽 귀퉁이를 자른 지퍼 백에 커피 필터를 끼우고 다시 한번 걸러 주세요. 익히지 않은 적양배추 즙은 거품이 더 오래가고 약간 밝은 파란색을 띱니다.

사진 5 : 날숨에 들어 있는 이산화탄소가 양배추 즙을 약간 분홍색으로 바꿀 거예요.

실험 속 과학 원리

적양배추 속의 색소는 산성을 만나면 빨강 또는 분홍색으로 변하는 성질 때문에 지시약으로 사용합니다. 소다수 속에 거품으로 보이는 이산화탄소나 사람의 날숨에 들어 있는 이산화탄소는 적양배추 즙의 물과 반응해 탄산을 만듭니다. 이 탄산은 용액의 pH를 낮추고 적양배추 즙을 분홍색으로 바꿉니다.

화석 연료를 태우거나 열대 우림을 태우는 인간의 행동 때문에 어마어마한 양의 이산화탄소가 방출되고 바다에 흡수됩니다. 그래서 바닷물은 점점 더 산성화되고 있습니다. 이 실험에서 적양배추 즙이 그랬던 것처럼요. 바다의 pH가 떨어지는 등 해양의 화학적 성질이 달라지면서 산호와 같은 몇몇 바다 생물들은 생존을 위협받고 있습니다.

이산화탄소가 녹아 있는 탄산음료는 산성이라서 치아를 상하게 한다는 것도 알 수 있을 것입니다.

도전 과제

양배추 즙에 이스트를 넣고 한동안 두면 어떤 색이 될까요? 실험 33 '이스트 풍선'을 물 대신 적양배추 즙을 가지고 실험해 보세요.

색이 없는 탄산음료를 적양배추 즙에 넣고 어떤 결과가 나오는지 지켜보세요.

스파이 주스

재료

→ 크랜베리 2컵(200g)

→ 칼

→ 뚜껑이 있는 중간 크기의 냄비

→ 물 3+1/3컵(700ml), 4단계에 약간 더 필요할 수 있어요.

→ 체

→ 종이가 깔릴 만큼 넓은 그릇

→ 베이킹소다

→ 따뜻한 물 1/3컵(80ml)

→ A4 용지

→ 가위

→ 면봉, 붓이나 나무 꼬치

→ 레몬주스(필요하면)

산/염기에 민감한 크랜베리 속의 색소를 이용하C 숨겨진 메시지를 찾아내세요.

사진 5 : 크랜베리 주스에 넣으면 메시지가 보일 거예요.

안전 유의사항

크랜베리를 삶는 것은 반드시 어른이 해야 합니다. 크랜베리의 공기주머니가 터질 수 있기 때문에 반드시 뚜껑을 닫고 끓여야 합니다. 식은 다음 아이들에게 주세요.

실험 가능한 종이를 찾아야 할 수도 있어요. 실험 순서에 구별 방법이 나와 있습니다.

'보이지 않는 잉크'로 글씨를 쓸 때 나무 꼬치나 끝을 자른 면봉이 가장 잘 써져요.

실험 순서

1단계 : 크랜베리를 반으로 잘라 공기주머니를 관찰해 봅다. (사진 1) 공기주머니 때문에 크랜베리는 물에 잘 떠요.

2단계 : 크랜베리에 물 3컵(700ml)을 부은 다음 뚜껑을 덮15~20분간 삶아 주세요. 삶으면서 크랜베리의 공기주머가 터지는 소리를 들어 보세요. (사진 2, 3)

3단계 : 농축된 크랜베리 즙을 얻기 위해 준비한 넓은 그에 과육을 눌러가면서 체에 내려 주세요.

4단계 : 즙을 식힙니다. 만약 크랜베리 즙이 너무 진하고럽 같으면 물을 약간 넣어 종이를 적실 수 있을 정도로 만어 주세요!

사진 1 : 크랜베리를 반으로 잘라 안에 있는 공기주머니를 관찰해 보세요.

사진 2 : 크랜베리에 물을 부어 줍니다.

사진 3 : 뚜껑을 덮고 크랜베리를 삶아 주세요.

사진 4 : 종이에 메시지를 써 주세요.

5단계 : 사용하려는 종이를 조금 잘라 크랜베리 즙에 넣어 보세요. 만약 분홍색에서 변화가 없다면 사용해도 됩니다. 하지만 파란색이나 회색으로 변한다면 다른 종이를 찾아보세요.

6단계 : 따뜻한 물 1/3컵(80ml)에 베이킹소다 9g을 넣어 잘 섞어서 보이지 않는 잉크를 만들어 주세요. 이것 대신 레몬주스를 사용해도 됩니다.

7단계 : 면봉이나 붓, 나무 꼬치를 가지고 베이킹소다 용액이나 레몬주스를 묻혀 종이에 글씨를 써 주세요. 연습이 약간 필요할 수도 있어요. (사진 4) 글자를 쓴 종이는 바람에 말리거나 드라이어로 말려 주세요.

8단계 : 내용을 읽기 위해 종이를 크랜베리 즙에 넣어 주세요. 무슨 일이 일어나는지 지켜보세요! (사진 5)

실험 속 과학 원리

크랜베리는 안토시아닌(anthocyanins)이라는 색소를 가지고 있어 선명한 빨간색을 띱니다. 자연에서 이런 색소는 새 같은 동물들을 유혹하는 역할을 합니다.

플라보노이드(flavonoid)라고도 부르는 이 색소는 산과 염기를 만날 때 다른 색깔로 변합니다. 크랜베리 주스는 강산성이기 때문에, 산성에서는 분홍색을 띠고 염기성에서는 보라색이나 파란색으로 변합니다.

베이킹소다는 염기성입니다. 그래서 베이킹소다로 쓴 메시지는 크랜베리 주스에 있는 색소와 만나면 파란색으로 변할 것입니다. 하지만 종이가 크랜베리 주스에 완전히 젖으면 베이킹소다가 희석될 것이고 결국엔 색소가 원래대로 붉은색으로 변할 겁니다. 그러면 여러분의 메시지도 사라질 거예요!

과일과 채소에서 발견할 수 있는 안토시아닌의 종류는 삼백 가지가 넘습니다. 과학자들은 안토시아닌이 건강에 좋다고 믿습니다.

도전 과제

이 실험에서 쓸 수 있는 다른 산/염기 지시약은 무엇이 있을까요? 잉크로 사용할 수 있는 다른 재료는 무엇이 있을까요?

단원
08

단원 08
놀라운 미생물

우리가 태어난 순간부터 미생물은 우리 몸 구석구석에 존재합니다. 너무 작아서 눈으로 보기 힘들고 몇몇은 병을 일으키기도 하지만 대부분은 건강을 유지하는 데 꼭 필요한 녀석들입니다.

모든 생명체와 마찬가지로 미생물도 생존에 필요한 조건들이 있습니다. 어떤 것들은 인간의 체온에서 피부에서 떨어지는 영양분을 먹으며 잘 자라지만 또 어떤 것들은 다른 조건을 선호하기도 합니다. 극한미생물(extremophiles)로 불리는 어떤 세균은 대부분의 생명체가 생존하기 힘든 더위나 추위, 산성, 심지어 방사능에서도 살아남을 수 있습니다. 흥미롭게도 무생물로 분류되는 바이러스는 살아 있는 세포를 훔쳐 그 조직에 기생하면서 자신을 복제합니다.

실험실에서 미생물을 키우려면 증식에 필요한 최적의 환경을 제공해야 합니다. 대부분의 미생물은 영양액 속에서 자라거나 세균 배양 접시에서 자랍니다. 영양액에서는 많은 양의 세균을 배양할 수 있는 반면, 이 단원에서 만들 한천 접시에서는 각각의 미생물을 따로 키울 수 있습니다.

피부에 사는 일부 세균과 균류는 실온에서 잘 자랍니다. 이 단원에서는 어떤 미생물이 집에서 잘 자라는지 실험해 보고 이스트가 어떻게 빵을 부풀게 하는지도 관찰할 것입니다. 그리고 비누와 물로 손을 씻는 것이 왜 중요한지도 배울 것입니다.

홈메이드 세균 배양 접시와 미생물 동물원

재료

→ 은박 머핀 틀 같은 일회용 용기 또는 지퍼 백에 들어갈 만한 투명 플라스틱 컵, 뚜껑이 있는 플라스틱 용기 또는 배양 접시

→ 작은 냄비 또는 전자레인지용 그릇

→ 국물내기용 쇠고기맛 스프 1작은술(2g)

→ 물 1컵(235ml)

→ 한천 가루 1큰술(14g)이나 향이 없는 젤라틴 가루 12g

→ 설탕 2작은술(9g)

→ 접시나 비닐 랩

→ 면봉

→ 펜과 라벨지

식탁에 뭐가 사는지 아시나요?
집에 있는 미생물을 배양하여
콜로니를 만들어 봅시다.

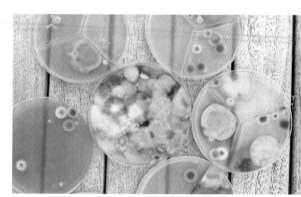

사진 4 : 무엇이 자라고 있는지 살펴보세요!

안전 유의사항

배양 접시를 만들려면 뜨거운 액체를 다뤄야 하므로 어른이 도와주세요.

은박 머핀 틀을 배양 접시로 사용한다면 머핀 팬에 끼워서 한천 용액을 넣고 식힌 다음 하나씩 지퍼 백에 넣어 주세요.

접시는 2~3일 동안 사용할 것입니다. 가능하면 작업을 할 때마다 뚜껑을 느슨하게 닫아 공기 중에 떠다니는 미생물 때문에 시료가 오염되지 않도록 해 주세요.

접시를 만지고 나면 손을 반드시 씻고 실험이 끝나면 버려 주세요.

실험 순서

1단계 : 미생물의 먹이가 되는 배지를 만들기 위해 작은 냄비나 전자레인지용 그릇에 쇠고기맛 스프, 물, 한천이나 젤라틴을 넣고 섞어 주세요. (사진 1)

2단계 : 불에 올려 끓이면서 1분 간격으로 저어 가며 한천이나 젤라틴을 녹입니다. 다 녹으면 불에서 내려 접시나 비닐 랩을 씌워 약 15분간 식힙니다.

3단계 : 용액을 깨끗한 용기에 1/3가량 붓습니다. 뚜껑을 슬쩍 닫거나 호일, 랩으로 덮어 완전히 식힙니다. 내용물이 굳으면 사용할 준비가 된 것입니다. 사용 전에는 냉장고에 보관해 둡니다. (사진 2)

사진 1 : 재료들을 섞어 줍니다.

사진 2 : 접시에 부어 줍니다.

사진 3 : 표면을 긁어서 시료를 채취합니다.

단계 : 뚜껑에 맺힌 물방울을 털어 내고 다시 뚜껑을 덮어 주세요. 접시 아래에 날짜와 실험하고 싶은 대상을 적어 두세요. 실험 대상마다 다른 접시를 사용하거나 접시 하나를 네 부분으로 나누어 각각 다른 시료를 묻혀도 됩니다.

단계 : 실험하려는 대상의 표면을 면봉으로 문질러 주세요. 실험 대상의 이름이 적힌 접시의 뚜껑을 열고 면봉을 천천히 문질러 주세요. 전화기, 리모컨, 싱크대, 컴퓨터 키보드, 문손잡이, 피아노 건반 등이 시료를 채취하기 좋은 곳입니다. 손가락을 찍거나 기침을 하거나 혹시 공기 중에 사는 세균이 궁금하다면 30분 동안 뚜껑을 열어 두어도 됩니다. (사진 3)

단계 : 시료를 다 채취했으면 평평한 곳에 내려놓고 뚜껑을 느슨하게 닫고 테이프로 고정해 주세요.

7단계 : 접시에서 무엇이 자라는지 관찰해 보세요. 균류(곰팡이)가 대부분이지만 가끔 투명하거나 흰색을 띠는 작은 점들이 보일 거예요. 이 점들은 세균 수백만 마리가 모인 콜로니입니다. (사진 4) 접시에서 자라는 미생물 콜로니의 모양, 크기, 색깔을 적어 보세요.

노트 : 젤라틴은 뜨거운 온도에서 녹으면서 몇몇 세균까지 같이 녹여 버리기도 합니다. 그래서 과학자들은 세균 배양 접시를 만들 때 한천을 사용하는 것입니다. 한천은 조류(藻類)로 만드는데, 오픈 마켓에서 살 수 있습니다.

실험 속 과학 원리

균류나 세균 같은 미생물들은 현미경의 도움 없이는 볼 수 없지만 사람의 몸이나 주변의 모든 표면에 살고 있습니다. 이들 중 일부는 실험에서 사용한 미생물 배지에서 배양할 수 있습니다. 동물원의 동물처럼 미생물도 먹이, 수분, 온도, 공기같이 생존에 필요한 조건이 있습니다. 이 실험에서 키우는 콜로니(colony)*는 먹이와 온도를 맞추어 주어야 합니다.

콜로니의 크기, 색깔 그리고 다른 특성들은 그 미생물이 무엇인지 알아내는 데 도움이 됩니다. 미생물학자들은 미지의 유기체를 알아내기 위해 현미경 관찰, 염색, 화학적 시험, 심지어 핵산 분석까지 합니다.

―――――――
* 하나의 세포로부터 증식한 세균들의 덩어리.

도전 과제

이 배양 접시로 할 수 있는 다른 실험은 무엇이 있을까요? 실험 34 '손 씻기 실험'을 해 보세요.

이스트 풍선

재료

→ 지퍼 백 작은 것

→ 펜

→ 드라이 이스트 8작은술(36g)

→ 소금 1작은술(6g)

→ 설탕 6작은술(27g)

→ 물 2컵(475ml)

이스트 번식에 도움이 되는 조건을 찾기 위해 이스트 풍선을 만들어 봅시다.

실험 순서

1단계 : 지퍼 백에 다음과 같이 써 줍니다.
'설탕+따뜻한 물'
'설탕+차가운 물'
'설탕+소금+따뜻한 물'
'설탕 없음+따뜻한 물' (사진 1)

2단계 : 지퍼 백 4개에 이스트를 2작은술(9g)씩 넣어 줍니다. 그리고 설탕이 적혀 있는 3개의 봉지에 설탕을 2작은술(9g)씩 넣어 줍니다. 소금이라고 쓰여 있는 봉지에는 소금을 넣어 줍니다. (사진 2, 3)

사진 3 : '설탕'이라고 쓰여 있는 봉지에 설탕을 넣어 주세요.

3단계 : 지퍼 백에 쓰여 있는 조건에 맞게 물을 1/2컵(120ml)씩 넣어 줍니다. 따뜻한 물은 말 그대로 따뜻해야지** 너무 뜨거우면 이스트가 모두 죽어 버립니다. 차가운 물은 실온 상태의 물을 사용하거나 물에 얼음을 넣어서 차갑게 만들어도 됩니다. (사진 4)

안전 유의사항

실험을 잘 지켜보세요. 만약 지퍼 백이 터질 것 같으면 열어서 가스를 빼 주세요.

사진 1 : 지퍼 백에 들어가는 재료를 써 주세요.

사진 2 : 이스트를 봉지마다 넣어 줍니다.

** 30℃ 정도.

사진 4 : 봉지마다 물을 넣어 줍니다.

4단계 : 지퍼 백을 닫으면서 가능한 공기를 빼 주세요. 이스트는 차가운 온도보다 따뜻한 온도에서 더 잘 자랍니다.

5단계 : 결과를 지켜보세요. 이산화탄소 기체가 점점 늘어나 봉지가 부풀면 이스트가 잘 자라고 있다는 뜻입니다. (사진 5)

Sugar + salt + warm water

Sugar + warm water

No sugar + warm water

Sugar + cold water

사진 5 : 어떤 재료가 이스트 성장에 가장 큰 영향을 주나요?

이스트의 성장에 가장 큰 도움을 주는 재료는 무엇일까요? 이스트가 잘 자라는 재료가 무엇인지 알아냈나요? 이스트는 따뜻한 물과 차가운 물 중 어디에서 더 잘 자라나요?

실험 속 과학 원리

인류가 빵을 만든 역사는 4천 년이 넘습니다. 하지만 빵이 왜 부풀어 오르는지 오랫동안 알지 못했습니다. 유명한 과학자 루이 파스퇴르(Louis Pasteur)가 아주 작은 생명체인 이스트가 빵 반죽을 부풀게 한다는 것을 증명했습니다.

빵에 쓰이는 이스트는 버섯과 비슷한 균류입니다. 만일 이스트 세포를 현미경으로 본다면 풍선이나 축구공 같은 모양일 것입니다. 빵을 만들 때 쓰는 이스트의 이름은 사카로마이세스 세레비지애(saccharomyces cerevisiae)입니다. 사카로마이세스는 '당을 먹는 균류'라는 뜻입니다.

번식하는 이스트 세포는 밀가루에 들어 있는 당과 전분을 먹으면서 에너지를 얻습니다. 당과 전분을 먹은 이스트 세포는 이산화탄소를 만들어 내고, 이 때문에 비닐봉지가 부풀어 오르는 것입니다.

빵 반죽 속에서 이스트가 만든 이산화탄소는 반죽 속에 조그만 거품을 만들어 빵을 부풀게 합니다. 빵을 굽는 동안에도 계속 생기기 때문에 빵 속에 작은 구멍들이 생기는 겁니다. 가게에서 산 이스트는 살아 있는 생명체이지만, 건조된 형태이며 물을 주지 않으면 번식할 수 없습니다.

도전 과제

설탕과 물을 넣기 전에 이스트에 기름을 발라서 실험해 보세요. 물 대신 과일 주스를 넣으면 어떻게 될까요? 이스트를 넣고 지퍼 백을 냉장고에 넣으면 어떤 결과가 나올까요?

실험 34 손 씻기 실험

재료

→ 실험 32에서 만든 배양 접시 6개

→ 펜과 라벨지

→ 깨끗한 수건

→ 깨끗한 비누 또는 물비누

→ 알코올이 들어간 손 세정제

질병을 일으키는 미생물을 제거하려면 어떻게 손을 씻는 것이 가장 좋을까요?

사진 2 : 물로만 손가락을 씻어 주세요.

실험 순서

1단계 : 배양 접시 아래쪽에 다음과 같이 라벨을 붙여 주세요.

A : '오른손 : 씻지 않음'
B : '오른손 : 물로만 씻음'
C : '오른손 : 비누와 물로 씻음'
D : '오른손 : 손 세정제'
E : '대조용 접시 : 손 대지 않음'
실험 날짜와 실험자 이름도 써 주세요. (사진 1)

2단계 : A 접시의 뚜껑을 재빨리 열어 오른손 네 손가락을 지문을 찍듯이 부드럽게 눌러 줍니다. 뚜껑을 닫아 주세요.

3단계 : 그 손가락을 문지르지 않고 30초가량 물로만 씻은 다음 수건으로 물기를 닦고 2단계와 마찬가지로 B 접시에 찍어 줍니다. (사진 2, 3, 4)

4단계 : 같은 손가락을 비누와 물로 2분 동안 문질러 씻고 수건으로 물기를 닦은 다음 C 접시에 손가락을 찍어 줍니다.

5단계 : 오른손을 손 세정제로 30초간 문지른 다음 D 접시에 찍어 줍니다.

단계 : 접시 뚜껑에 테이프를 두른 뒤 밖에 내놓고 며칠 동안 관찰합니다. 곧 세균과 곰팡이 콜로니가 생기기 시작할 거예요.

단계 : 각각의 접시에 몇 개의 콜로니가 생겼는지 세어 보세요. 이들은 어떤 차이가 있나요?

사진 1 : 실험 32처럼 배양 접시를 만들고 라벨을 붙여 주세요.

사진 3 : 깨끗한 수건으로 물기를 닦아 주세요.

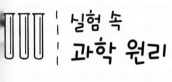

실험 속 과학 원리

비누로 손을 문지르고 물로 잘 헹군 다음 깨끗한 수건으로 닦기만 해도 손에 있던 질병을 일으키는 세균 대부분을 없앨 수 있습니다. 손 씻기는 전염병의 감염과 전파를 막는 가장 좋은 방법입니다. 손 세정제는 많은 종류의 세균을 죽이는 데 효과적입니다. 하지만 일부는 내성이 있어서 문질러서 닦아 내는 수밖에 없습니다. 비누 또한 손에 있는 기름 성분을 파괴하여 세균을 제거하는 데 도움이 됩니다.

이 실험에서는 손에 있던 세균과 균류를 배양하여 콜로니를 만들어 봅니다. 실험을 통해 비누로 손을 씻는 것이 얼마나 효과적인지 알 수 있습니다. 세균 콜로니는 배양 접시에서 희고 노란 작은 점으로 나타날 것입니다.

사진 4 : '물로만 씻음' 접시에 손가락을 찍어 줍니다.

세균 중에서 상재균(resident)은 우리의 몸에서 공존합니다. 보통 질병을 일으키는 세균들은 비상재균(transient)에 속합니다. 비상재균은 우리가 손대는 모든 곳에 있지만 수도꼭지, 계단 손잡이, 컴퓨터 키보드가 악명 높은 본거지입니다. 손을 씻고 헹굴 때 생기는 마찰은 이런 세균들을 없애는 데 매우 중요한 역할을 합니다.

의사, 간호사 그리고 음식을 다루는 사람들은 손을 잘 씻어야 합니다. 그래야 전염병이 퍼지는 걸 막을 수 있습니다.

도전 과제

일반 비누와 액상 비누를 사용해서 비교해 보세요. 어느 쪽이 더 깨끗한가요?

실험 32 '홈메이드 세균 배양 접시와 미생물 동물원'을 통해 집에서 미생물이 가장 많이 나온 곳이 어디인지 알아보세요.

단원 09
찌릿찌릿 전기의 세계

카펫 위를 걸은 다음 손잡이를 만졌다가 깜짝 놀란 적 없나요?

정전기란 양전하나 음전하가 물체 표면에 모인 것을 말합니다. 카펫과 손잡이의 경우 우리 몸이 대전체(charged object)가 됩니다. 즉, 카펫에서 옮겨 온 전하가 손을 통해 손잡이로 전달되면서 찌릿한 것입니다.

음전하를 띤 아주 작은 입자를 전자라고 합니다. 전자는 물체에서 물체로 쉽게 이동할 수 있기 때문에 전기와 자기의 놀라운 세계에서 중요한 역할을 합니다. 전자와 반대로 양전하를 띠면서 전자보다 훨씬 크고 무거운 입자를 양성자라고 합니다.

다른 극을 가진 전자와 양성자는 서로 끌어당기는데, 양성자에 비해 더 작고 가벼운 전자는 더 잘 움직입니다.

같은 극을 가진 전자끼리는 서로 밀어내는 성질이 있습니다. 같은 극의 양성자끼리도 마찬가지입니다.

예를 들어 머리를 풍선으로 문지르거나 빗으로 빗으면 많은 양의 전자가 머리카락에서 풍선이나 빗으로 옮겨 가면서 음전하를 띠게 됩니다. 반면에 양전하를 띠게 된 머리카락은 서로 밀어내 머리카락이 서는 것입니다.

이 단원에서는 전자가 물체 사이를 옮겨 다니면서 벌어지는 재미있는 현상들을 관찰해 보고, 심지어 전기 충격도 느껴 볼 것입니다.

춤추는 호일 검전기

재료

→ 병

→ 판지

→ 가위

→ 얇은 알루미늄 호일

→ 못

→ 스카치테이프

→ 풍선 또는 플라스틱 빗

안전 유의사항

판지를 못으로 뚫을 때는 어른이 도와주세요.

정전기를 이용하여 병에 매달린 호일 조각을 움직여 봅시다. 마술 같을 거예요.

사진 4 : 못에 달린 호일이 구겨지지 않도록 조심해서 뚜껑을 덮어 줍니다.

실험 순서

1단계 : 병의 입구에 맞게 판지를 자른 다음 병 위에 올려놓습니다.

2단계 : 못으로 판지를 뚫어 아래로 늘어뜨립니다. 판지에 못을 꽂은 채로 판지를 내려놓으세요. (사진 1, 2)

3단계 : 호일을 길이 5cm, 너비 5mm 정도로 2개 잘라 겹쳐 놓으세요.

4단계 : 겹쳐 놓은 호일을 못 끝에 테이프로 매달아 주세요. 그 상태로 다시 뚜껑을 닫아 호일이 아래로 늘어지게 합니다. (사진 3, 4)

5단계 : 풍선이나 빗으로 머리카락을 문질러 전하를 모아 주세요. (사진 5) 대전체를 못에 가까이 대세요. 못과 닿지 않아도 됩니다.

6단계 : 음전하를 띤 풍선이나 빗을 못 가까이에 대면 호일은 서로 밀어낼 것입니다. (사진 6)

사진 1 : 못으로 판지를 뚫어 주세요.

사진 2 : 못이 병 안으로 늘어질 정도로 길어야 합니다.

사진 3 : 호일을 마주 보게 잡고 테이프로 못 아랫부분에 고정해 줍니다.

사진 5 : (왼쪽) 풍선이나 빗으로 머리카락을 문질러 전기를 모으세요.

사진 6 : (왼쪽) 대전된 풍선이나 빗을 못에 갖다 대고 호일이 움직이는 것을 관찰합니다.

 실험 속
과학 원리

음전하가 축적된 풍선이나 빗은 전자가 이동하기 좋은 도구입니다.

이 실험에서 음전하는 머리카락에서 풍선과 빗으로 건너뛴 다음 못으로 이동합니다. 그리고 마지막으로 호일 조각에 이릅니다. 풍선에 있던 음전하가 모두 호일 조각으로 내려가면 두 호일이 모두 강한 음전하를 띠게 됩니다. 같은 극성을 가진 두 물체는 서로를 밀어냅니다. 그래서 두 호일 조각이 벌어지는 것입니다.

도전 과제

호일을 두 줄 이상 쓰면 어떤 결과가 나올까요? 여러 개를 매달아 호일 '오징어'를 만들어 실험 결과를 관찰해 보세요.

호일을 '춤추게' 만드는 대전체에는 또 어떤 것이 있을까요?

찌릿찌릿 전기쟁반과 라이덴 병

재료

→ 스티로폼 접시보다 약간 큰 사각형 판지

→ 은박 접시

→ 스카치테이프, 박스 테이프

→ 스티로폼 컵, 스티로폼 접시

→ 알루미늄 호일

→ 오래된 장갑이나 모자 같은 양모 제품

→ 플라스틱 필름 통이나 다 쓴 조미료 통 같은 작은 용기

→ 필름 통보다 약간 긴 쇠 못

→ 물

안전 유의사항

필름 통 뚜껑에 못을 박을 때는 어른이 도와주세요.

전기쟁반과 라이덴 병 실험에서는 순서를 반드시 지켜야 합니다. 안 그러면 성공할 수 없어요.

찌릿찌릿 정전기를 체험해 봅시다.

사진 6 : 엄지를 라이덴 병의 호일 부분에 댄 상태에서 같은 손 손가락을 못에 대 주세요. 찌릿할 거예요.

실험 순서

1단계 : 은박 접시 안에 스티로폼 컵을 붙여 주세요.

2단계 : 사각형 판지를 호일로 감싼 다음 뒤쪽을 테이프로 고정해 주세요. 스티로폼 접시를 뒤집어서 호일 판 위에 붙여 주세요.

3단계 : 필름 통의 3/4가량을 물로 채워 주세요. 뚜껑을 닫거나 박스 테이프로 밀봉해 주세요. 통의 2/3 정도를 호일로 감싸 줍니다. 못으로 뚜껑이나 박스 테이프를 뚫어 못 끝이 물에 닿게 해 주세요. 필요하면 박스 테이프로 못을 고정해 주세요. (사진 1)

다음 순서를 꼭 지켜야 한다는 것, 명심하세요!

4단계 : 호일을 감싼 판지에 붙어 있는 스티로폼 접시를 약 1분 동안 양모 제품으로 문질러 주세요. 라이덴 병 근처에 내려놓습니다. (사진 2)

5단계 : 컵 손잡이를 잡고 은박 접시를 스티로폼 접시 위에 올려 주세요. (사진 3)

6단계 : 호일을 감싼 판지에 새끼손가락을 댄 상태에서 은박 접시에 엄지손가락을 갖다 댑니다. 전자가 은박 접시에서 손으로 튀어 올라 약간 찌릿할 수도 있어요. 이제 은박 접시는 양전하를 띱니

다. (사진 4)

7단계 : 스티로폼 컵을 잡고 은박 접시를 라이덴 병 위의 못에 갖다 댑니다. 전자가 못에서 은박 접시로 흘러가서 못과 라이덴 병의 안쪽은 양전하를 띠게 됩니다. (사진 5)

8단계 : 4에서 7단계를 여러 번 반복해서 라이덴 병을 충전합니다.

9단계 : 마음의 준비가 되면 라이덴 병을 감싼 호일에 엄지를 댄 상태에서 손끝을 못에 갖다 댑니다. 전자가 호일에서 양전하를 띤 못으로 튀어 오르면서 찌릿할 거예요. (사진 6)

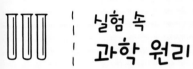

실험 속
과학 원리

마찰 전기 발생 장치(electrophorus)는 정전기를 만들 수 있는 쟁반처럼 생긴 간단한 장치입니다.

양모로 스티로폼 접시를 문지르면, 스티로폼은 양모로부터 전자를 빼앗아 음전하를 띠게 됩니다. 알루미늄 접시를 음전하를 띤 스티로폼 접시에 갖다 대면 알루미늄 접시 안의 전자들이 밀려나게 됩니다. 하지만 그 전자들은 갈 곳이 없습니다. 호일 판지에 손가락을 붙인 상태로 알루미늄 접시를 잡게 되면, 손가락이 밀려난 전자가 이동하는 통로 역할을 합니다. 전자들이 손으로 이동하고 나면, 알루미늄 접시는 양전하를 띠게 됩니다. 라이덴 병은 병 바깥과 안쪽에 있는 두 전극 사이에 정전기를 저장합니다. 우리가 만든 필름 통 라이덴 병의 안쪽 전극은 물이고, 바깥쪽 전극은 호일입니다.

양전하를 띠게 된 알루미늄 접시를 라이덴 병에 꽂힌 못의 머리에 대면 물속에 있던 전자가 접시로 이동합니다. 그 결과 라이덴 병의 못과 물은 양전하를 띠게 됩니다.

실험의 마지막 단계로 라이덴 병을 감싼 호일에 손을 대고, 다른 손가락 끝을 양전하를 띤 못에 갖다 대면 호일에 있던 전자가 못으로 튀어 들어갑니다. 이때 찌릿찌릿할 거예요.

사진 1 : 라이덴 병에 물을 채워 넣습니다.

사진 2 : 양모 제품으로 스티로폼 접시를 문질러 주세요.

사진 3 : 은박 접시를 스티로폼 접시 위에 가져다 댑니다.

사진 4 : 새끼손가락을 알루미늄 판지에 엄지손가락을 은박 접시에 대 주세요.

사진 5 : 은박 접시를 라이덴 병 위의 못에 가져다 댑니다.

도전 과제

마지막 단계를 어두운 곳에서 해 보세요. 전자가 공기 중에서 손가락으로 튀면서 불꽃이 보일 거예요.

물이 구부러져요

재료

→ 풍선

→ 핀

→ 플라스틱 빗

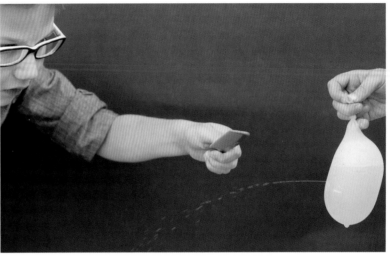

정전기로
물줄기를
구부려 보세요.

사진 2 : 대전된 빗을 물줄기에 가까이 대 보세요.

실험 순서

1단계 : 풍선에 물을 반쯤 채워 주세요. 너무 많이 넣지 않도록 합니다.

2단계 : 풍선을 묶어 주세요.

3단계 : 핀으로 풍선 옆면에 작은 구멍을 내세요. 묶은 곳을 잡고 풍선을 들면 얇은 물줄기가 나올 거예요. (사진 1)

4단계 : 빗을 머리에 여러 번 문질러 대전해 줍니다. 마른 머리카락에 해야 합니다.

5단계 : 빗을 풍선 물줄기 옆에 가져다 댑니다. 물줄기가 빗 쪽으로 오나요? 아님 멀어지나요? 물줄기가 중력을 이기고 빗 쪽으로 올라오게 만들 수 있나요? (사진 2)

6단계 : 바람 넣은 풍선을 머리에 문지른 다음 5단계를 반복해 보세요. 같은 결과가 나오나요? (사진 3)

사진 1 : 가느다란 물줄기가 나오도록 풍선을 들어 주세요.

사진 3 : 대전된 풍선이 물줄기를 구부릴 수 있을까요?

실험 속 과학 원리

빗이나 풍선을 머리카락에 대고 문지르면, 거기에 있던 전자들이 빗과 풍선으로 옮겨 갑니다. 그래서 플라스틱 또는 고무가 음전하를 띠게 됩니다. 반면에 전자가 빠져나간 머리카락은 양전하를 띠게 됩니다. 빗과 풍선을 조금씩 멀리하면서 머리카락을 세워 보세요.

물 분자는 양전하를 띠는 두 개의 수소 원자와 음전하를 띠는 산소 원자 하나가 결합된 것입니다. 물 자체가 음이나 양의 전하를 띠는 건 아니지만, 물줄기에 음전하를 띤 빗을 가까이 대면 물속의 수소 원자가 빗의 전자에 가까이 가려고 줄을 서기 때문에 빗 쪽으로 물줄기가 휘어집니다. 그래서 물에 극성(polarization)이 있다고 합니다.

물줄기가 극성을 가지게 되면 반대의 전하를 당기려는 힘이 강해져서 빗의 방향으로 휘게 됩니다.

도전 과제

 수도꼭지에서 나오는 물줄기로 실험해 보세요. 물줄기의 굵기가 실험에 영향을 미치나요? 물줄기에서 빗까지 거리가 물을 끌어당기는 데 영향을 주나요?

단원 10
고마운 식물학

식물이 없었다면 우리도 존재하지 못했을 것입니다.

조지프 프리스틀리(Joseph Priestly)는 부엌 싱크대에서 실험을 시작한 아마추어 과학자였는데, 1774년 산소를 발견한 업적을 인정받아 이름을 알리게 됩니다. 그는 밀폐 용기 실험을 통해 물건이 타기 위해서는 무언가 필요하다는 것을 알게 됩니다. 이 수수께끼의 물질은 동물이 살아가는 데 필요하고(산소) 식물이 만들어 낼 수 있다는 것도 깨닫게 됩니다. 이 실험에서 영감을 얻은 프리스틀리는 식물이 내뿜는 산소로 생태계가 유지된다는 가설을 세운 자연 철학의 선구자로 평가됩니다.

현대 과학은 식물이 놀라운 화학 공장임을 밝혀냈습니다. 태양 에너지를 이용한 광합성을 통해 식물은 물과 이산화탄소를 설탕(포도당)과 산소로 바꿀 수 있습니다. 식물과 조류(藻類) 같은 자가영양생물 덕에 지구 대기 중에 동물과 인간에게 필요한 산소가 존재하는 것입니다.

콩 몇 알, 지퍼 백, 식용 색소, 배추를 가지고 식물이 어떻게 싹을 틔우고, 물을 빨아들이고, 또 그것을 공기 중으로 내보내는지 볼 수 있습니다.

창문에서 자라는 새싹

재료

→ 키친타월

→ 가위

→ 지퍼 백 작은 것

→ 물

→ 익히지 않은 콩이나 씨앗

비닐봉지에 콩을 심어 뿌리가 생기고 잎이 나오는 것을 눈앞에서 관찰하세요.

실험 순서

1단계 : 키친타월을 반으로 잘라 지퍼 백에 들어갈 만한 크기로 접어 줍니다.

2단계 : 접은 타월을 물에 담갔다가 물기를 짜서 지퍼 백 안에 넣어 주세요. 이때 평평하게 펴 주는 게 좋아요. (사진 1)

3단계 : 콩이나 씨앗 2~3개를 키친타월의 같은 면에 아래에서 3cm 위로 심어 줍니다. 아래로 떨어진다고 걱정하지 마세요. 만약 필요하다면 키친타월을 조금 접어 아래에 넣어 주면 콩이 물에 젖지 않아요. (사진 2)

4단계 : 지퍼 백 입구를 약간 남겨 놓고 닫아 숨 쉴 공기가 드나들게 해 주세요.

5단계 : 콩을 관찰하기 쉽게 실험자가 볼 수 있는 방향으로 매달아 주세요. (사진 3, 4)

진 1 : 키친타월을 물에 적셔 줍니다.

진 2 : 콩을 2~3개 지퍼 백에 심어 줍니다.

사진 3 : 실험자가 볼 수 있는 방향으로 콩을 매달아 주세요.

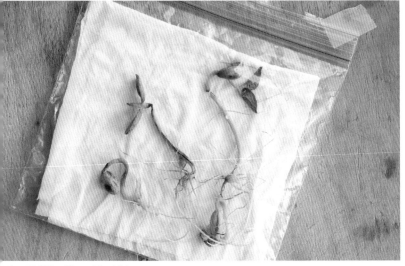
진 4 : 곧 싹을 틔우고 자랄 거예요.

실험 속 과학 원리

콩이나 완두 같은 씨앗에는 휴면 상태의 배아가 들어 있습니다. 휴면 상태란 말 그대로 '잠들어' 있는 겁니다. 이 작은 배아가 '깨어'나 싹을 틔우려면 어떤 신호가 필요합니다. 씨앗의 배아가 싹이 되고 잎으로 성장하는 과정을 발아(germination)라고 합니다.

충분한 빛과 공기 그리고 물이 발아의 중요한 환경적 조건입니다. 물론 온도도 마찬가지입니다.

새싹이 날 때는 필요한 양분을 씨앗으로부터 얻습니다. 실험을 통해 식물이 자라면서 씨앗이 찌그러지는 걸 볼 수 있습니다. 식물이 자라면 필요한 에너지를 뿌리와 잎으로부터 얻습니다. 씨앗에 있는 영양분을 모두 빨아먹고 어느 정도 자라면, 창문에 붙여둔 새싹은 양분이 풍부한 흙으로 옮겨 심어야 살 수 있습니다.

도전 과제

💡 매일 콩의 발아 과정을 그리고 길이도 재어 보세요. 과학 일지에 관찰 내용을 기록합니다. 같은 실험을 하나는 창문에서 하나는 어두운 옷장에서 하면 어떤 결과가 나올까요?

나무에서 물 모으기

재료

→ 독이 없고 가지가 아래로 늘어진 잎이 무성한 나무

→ 크고 투명한 비닐봉지

→ 작은 조약돌

→ 빵 끈 또는 끈

→ 가위

→ 투명한 병

안전 유의사항

비닐봉지를 어린아이가 가지고 놀면 질식할 위험이 있어요. 어른이 지켜봐 주세요.

실험에서 모은 물은 마시지 마세요.

이 실험은 덥고 해가 쨍쨍한 날 잘되요. 잎사귀에 상처가 남을 수 있기 때문에 아끼는 나무에는 하지 마세요.

무더운 날 '땀 흘리는' 나무에서 얼마나 많은 물을 모을 수 있는지 확인해 보세요.

실험 순서

1단계 : 해가 좋은 날 밖으로 나가 비닐봉지를 나뭇가지에 씌워 주세요. 잎사귀가 가능한 한 많이 들어가도록 합니다. (사진 1)

2단계 : 봉지 안에 조약돌이나 작은 돌을 넣어서 늘어지게 합니다.

3단계 : 봉지를 나뭇가지에 빵 끈이나 끈으로 단단히 묶어 줍니다.

4단계 : 24시간 후 나무의 증산 작용으로 생긴 물을 확인하세요. 비닐의 귀퉁이를 잘라 물을 투명한 병에 모아 주세요. (사진 2, 3)

사진 1 : 잎사귀를 봉지 안에 넣고 묶어 주세요.

사진 2 : 비닐에서 물을 따라 냅니다.

사진 3 : 물이 얼마나 나왔나요?

실험 속 과학 원리

식물들은 사람처럼 땀을 흘리지는 않지만 온도, 습도, 햇빛에 따라 물을 발산합니다.

모든 식물은 뿌리로부터 잎 뒷면의 기공까지 물을 운반합니다. 물은 기공을 통해 공기 중으로 발산되는데, 이를 증산(transpiration) 작용이라고 합니다. 증산은 식물의 온도를 낮추어 주고, 필요한 양분을 뿌리에서 잎까지 끌어올려 줍니다. 증산 작용은 주로 무덥고 건조한 낮에 활발하며, 나무가 빨아들인 물을 대부분 증산 작용으로 내보냅니다. 미국 지질 조사국에 따르면 커다란 참나무 한 그루가 1년에 내뿜는 물의 양이 무려 151,416리터나 됩니다!

더운 여름날 논밭 식물들이 내뿜는 물의 양도 엄청나서, 작물 근처의 이슬점을 높이기도 합니다.* 어떤 과학자들은 광활한 옥수수 밭의 활발한 증산 작용 때문에 대기에 습기가 많아져 강한 폭풍우가 친다고 생각합니다.

일반적으로 식물이 내뿜는 물은 증발하면서 식물의 온도를 낮춥니다. 하지만 이 실험에서는 물을 가두고 응결시켜 비닐봉지에 모읍니다. 추측할 수 있듯이 온실 효과 때문에 비닐봉지 속 온도가 엄청 올라갑니다. 때문에 이 실험을 하면 잎에 손상을 줄 수 있습니다.

---

* 상대습도가 올라간다는 뜻.

도전 과제

같은 날 다른 나무에서 실험하면 나오는 물의 양이 다를까요? 침엽수나 선인장도 증산 작용을 하나요? 투명한 봉지 대신에 검은색 봉지나 흰색 봉지를 사용하면 어떤 결과가 나올까요?

실험 46 '온실 효과'나 실험 47 '이슬점 실험'을 통해 대기 속 물에 대해 더 연구해 보세요.

잎사귀와 채소 크로마토그래피

재료

→ 연필

→ 병 또는 유리컵

→ 흰색 커피 필터나 키친타월

→ 가위

→ 시금치 같은 진한 녹색 잎사귀나 단풍 든 나뭇잎

→ 100원짜리 동전

→ 에틸알코올 또는 소독용 알코올

안전 유의사항

알코올은 유독성 물질이기 때문에 어린아이가 냄새를 맡거나 삼키면 위험해요! 어른이 지켜봐 주세요.

키친타월보다 커피 필터가 더 잘되요.

사진 2 : 동전으로 잎사귀의 색깔이 종이에 묻어나도록 문질러 줍니다.

식물 속 색소를 분리하기 위해 커피 필터 크로마토그래피를 해 봅시다.

실험 순서

1단계 : 연필을 병이나 컵 위에 걸쳐 놓습니다.

2단계 : 커피 필터나 키친타월을 3cm 너비로 길게 자릅니다. 반으로 접어서 연필에 걸쳤을 때 양쪽 끝이 병이나 유리컵 끝부분에 닿을 정도면 됩니다.

3단계 : 연필에서 종이를 꺼내 종이 양쪽 면에 아래서 2cm 부분에 연필로 가로선을 그려 줍니다.

4단계 : 잎사귀나 냉장고에 있는 상추, 시금치, 쪽파 등을 꺼내 옵니다. 종이 한쪽 면의 연필 선을 따라 동전으로 잎사귀를 눌러 줍니다. 왔다 갔다 문질러 색깔이 배도록 합니다. (사진 1, 2)

5단계 : 잎사귀가 더 있다면 종이의 다른 면에 같은 작업을 반복합니다. 가능한 색이 많이 묻도록 합니다. 끝났으면 바람이나 드라이어로 말려 줍니다.

6단계 : 연필에 종이를 걸었을 때 끝은 닿지만 색깔 선은 닿지 않는 위치까지 알코올을 부어 줍니다. 종이를 걸어 끝부분이 알코올에 닿게 합니다. 색깔이 똑바로 올라가도록 종이를 기울어지지 않게 걸어 주세요. (사진 3)

사진1 : 잎사귀를 몇 개 따고 냉장고에 있는 채소도 꺼내세요.

사진 3 : 종이 아랫부분의 선이 알코올 바로 위에 오도록 연필에 걸어 주세요.

사진 4 : 종이를 과학 일지에 붙입니다.

7단계 : 색이 번지는 것을 지켜보다가 꼭대기에 닿기 전에 꺼내 줍니다. 말린 다음 분리된 색을 관찰합니다. 그리고 과학 일지에 붙여 보세요. (사진 4)

실험 속 과학 원리

액체 크로마토그래피는 식물의 색깔을 결정하는 색소 분자들이 종이를 타고 올라가는 것을 이용하는 분리법입니다. 이 실험에서는 크고 작은 색소들을 추출하고 옮기는 데 알코올을 사용합니다. 색소 분자들의 크기에 따라 종이를 타고 오르는 속도가 다르기 때문에 성분을 분리할 수 있습니다.

초록색 잎은 엽록소라는 색소를 가지고 있습니다. 엽록소는 햇빛, 물, 이산화탄소를 이용하여 에너지를 만드는데, 이를 광합성이라고 합니다. 가을이 되면 대부분의 나무들은 엽록소 생산을 멈춥니다. 이 때문에 가을이면 잎의 색깔이 빨강, 노랑, 주황색으로 변합니다.

도전 과제

이 실험을 당근, 크랜베리, 빨간 피망 같은 색깔 있는 과일이나 채소로 해 보세요. 칼로 과일이나 채소의 단면을 잘라 커피 필터 위에 선을 그어 보세요.

음식이 익으면 색소가 변할까요? 익힌 시금치와 날 시금치를 가지고 비교해 보세요.

자연 관찰도 하고
팔찌도 만들고

재료

→ 박스 테이프

출발하기 전에 덩굴옻나무와 옻나무에 대해 알려 주세요. 모르는 열매는 절대 먹으면 안 된다고 다시 한번 말해 주세요.

손목에 자연의 아름다움을 모자이크 하세요.

사진 3 : 팔찌가 예술품으로 변하는 순간!

실험 순서

1단계 : 끈적한 면이 밖으로 오도록 테이프를 팔목에 감아 주세요. (사진 1)

2단계 : 산책을 하면서 작은 잎사귀, 도토리, 꽃이나 그 외에 아름다운 자연의 조각품으로 팔찌를 꾸며 보세요. (사진 2, 3)

사진 1 : 테이프를 끈적한 면이 밖으로 오도록 붙여 주세요.

사진 2 : 발견한 보물을 붙여 보세요.

3단계 : 걸으면서 새, 곤충이나 야생 동물을 찾아보세요. 얼마나 많은 종류의 나무가 있는지 세어 보세요.

팔찌에 붙이기에 너무 큰 잎사귀를 모아 오려면 종이 가방 하나를 들고 나가세요.

산책하면서 보고 들은 것을 자연 관찰 일지나 과학 일지에 기록해 보세요.

집에 오면 밖에서 발견한 나무와 새 이름을 찾아보세요.

🧪 실험 속 과학 원리

조사에 따르면 아이들이 밖에서 노는 시간보다 전자기기 화면 앞에 있는 시간이 더 많아졌다고 합니다. 숲, 공원, 뒷마당 가리지 말고 집 밖으로 나가 자연과 함께하세요. 몸과 마음을 건강하게 하는 데 이만한 것은 없습니다.

배추 뱀파이어

모세관 작용을 이용하여 오싹한 배추 흡혈귀를 만들어 보세요.

재료

→ 배추 반 통이 들어가기에 충분한 플라스틱 그릇 2개

→ 따뜻한 물

→ 식용 색소

→ 배추 한 통

→ 칼

→ 장식에 필요한 올리브나 통후추 같은 과일이나 채소

→ 고무 밴드 또는 끈

→ 이쑤시개

사진 5 : 물을 '마시면서' 색깔이 변하는 배추 뱀파이어를 지켜보세요.

실험 순서

1단계 : 준비된 그릇 2개에 따뜻한(뜨겁지 않은) 물을 2/3가량 채웁니다. 한쪽에는 파란색 식용 색소를 2~3방울 떨어뜨리고 다른 쪽에는 빨간색 식용 색소를 10방울 이상 떨어뜨립니다. (사진 1)

2단계 : 칼로 배추 밑동부터 세로로 반을 자르다가 윗부분을 10cm 남깁니다. 가능하다면 큰 잎사귀의 중간을 잘라 주세요. 한 잎사귀가 두 가지 색으로 물

안전 유의사항

실험을 하려면 미리 계획을 세우세요. 제대로 된 결과를 얻으려면 24시간에서 48시간이 필요해요.

배추를 자를 때는 어른이 도와주세요.

드는 것을 볼 수 있을 거예요.

3단계 : 고무 밴드나 끈으로 양쪽 배추 아랫부분을 묶은 다음 배추 밑동에서 2~3cm 위를 가로로 잘라 줍니다. (사진 2)

4단계 : 그릇을 나란히 놓고 배추 한쪽은 파란색 물에 다른 쪽은 빨간색 물에 담가 줍니다. (사진 3)

사진 1 : 물이 담긴 그릇에 각각 다른 색을 넣어 줍니다.

사진 2 : 반으로 자른 배추의 아랫부분을 고무 밴드로 묶어 주세요.

사진 3 : 배추 아랫부분을 다른 색 물이 담긴 그릇에 각각 넣어 줍니다.

사진 4 : 배추 뱀파이어에 눈알을 달아 주세요.

5단계 : '뱀파이어'의 눈과 으스스한 눈썹을 올리브나 통후추(냉장고에 있는 아무 재료나 써도 되요)로 장식해 보세요. 떨어지지 않도록 이쑤시개로 고정합니다. (사진 4)

6단계 : 한 시간마다 뱀파이어가 얼마나 물을 마셨는지 확인합니다. (사진 5)

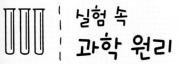 **실험 속 과학 원리**

흡혈귀처럼 식물들도 액체를 잘 빨아들입니다. 그들은 물에 녹아 있는 양분을 뿌리에서 시작해 줄기를 거쳐 가지로 잎으로 끌어올려야 생존할 수 있습니다.

모세관 현상은 식물이 물을 끌어올리는 데 중요한 역할을 합니다. 좁은 관의 내벽이 물의 일부를 위로 끌어당기면, 물 분자끼리의 인력에 의해 전체적으로 물이 끌려 올라갑니다. 식물은 모세관 모양의 세포를 많이 가지고 있어서 물을 쉽게 끌어올릴 수 있습니다.

이 실험을 통해 색소를 탄 물이 모세관 현상으로 타고 올라가 배추 전체를 물들이는 걸 볼 수 있습니다.

레드우드**의 꼭대기에 있는 잎까지 물을 운반하려면 얼마나 높이 끌어올려야 할까요? 매우 큰 나무에서는 증산 작용이 중력의 힘을 이기는 데 큰 도움을 줍니다. 숲속에 있는 뱀파이어 스테이트 빌딩이랄까요?

_____

** 미국 캘리포니아에 자생하는 레드우드는 키가 100미터 이상 자란다.

도전 과제

물 대신 얼음물을 사용하면 어떻게 될까요? 설탕이나 소금을 넣으면 결과가 달라질까요? 색을 여러 가지 섞어서 실험하면 모든 색깔이 같은 속도로 올라갈까요?

실험 39 '나무에서 물 모으기'를 통해 증산 작용에 대해 더 알아보세요.

단원 11
태양 과학

갈릴레오라는 위대한 과학자가 망원경으로 태양의 흑점을 발견하기 전까지 사람들은 태양이 하늘에 떠 있는 흠집 하나 없이 완벽한 황금색 원반이라고 생각했습니다. 갈릴레오는 흑점의 변화와 움직임을 기록해 태양의 자전을 설명했습니다.

흑점은 주위보다 어두워 태양 표면에서 어두운 점으로 보이는 곳을 말합니다. 흑점은 자기장 활동 때문에 생기고 플레어나 코로나 질량 방출 같은 태양 현상과 관련이 있습니다. 실험 48에서는 쌍안경으로 만든 태양 관측기로 흑점을 관찰할 수 있습니다.

태양은 지구를 데워 주는 태양 복사를 통해 어마한 양의 에너지를 생산해 냅니다. 태양 에너지와 지구를 덮어 주는 온실 가스가 없다면 어떤 생명체도 살아남을 수 없을 것입니다. 다행히 흡수하는 에너지와 방출하는 에너지가 절묘한 균형을 이루고 있는데, 산업 혁명 이후로 지구가 더워지지 않도록 유지하는 것이 점점 어려워지고 있습니다.

이 단원에서는 태양을 관찰하고 물에서 마시멜로우까지 모든 것을 데워 주는 태양 에너지에 대해서도 알아보겠습니다.

일몰 실험

재료

→ 어항같이 투명한 사각 용기,
   적어도 길이 24cm 이상

→ 물

→ 직진형 작은 손전등

→ 흰색 종이

→ 우유

아주 어린아이가 물 주변에 있을
때는 어른이 지켜봐 주세요.

**물, 우유, 손전등으로
왜 석양이 붉게
보이는지 알아봅시다**

사진 4 : 뿌연 물을
통과한 빛은 노랑이나
주황색으로 보일 거예요.

실험 순서

1단계 : 작은 입자가 빛을 산란시키는 것을 보기 위해 플라스틱 통에 물에 채워 주세요.

2단계 : 플라스틱 통의 반대편에 몇 cm 띄워 흰색 종이를 대고 통의 가장 긴 부분을 통과하도록
손전등을 비춰 주세요. 종이에 비친 불빛이 흰색으로 보일 거예요. (사진 1)

3단계 : 물에 우유를 몇 방울 떨어뜨린 다음 다시 손전등을 비춰 봅니다. 종이에 비친 빛의 색깔이
바뀌었나요? (사진 2, 3, 4)

사진 1 : 물이 들어 있는 투명한 용기에 손전등을 대 주세요.

사진 2 : 물에 우유를 몇 방울 떨어뜨립니다.

사진 3 : 뿌연 물에 손전등을 비춰 보세요.

실험 속 과학 원리

우리가 보는 색깔은 어떤 파장의 빛을 흡수하고 반사하는가에 따라 결정됩니다. 태양에서 오는 빛은 무지개에서 볼 수 있는 색깔의 빛이 모두 합쳐진 것입니다. 잔디가 초록으로 보이는 이유는 초록색 파장의 빛만을 반사하고 나머지 파장의 빛은 흡수하기 때문입니다. 검은색으로 보이는 물건들은 모든 파장의 빛을 흡수합니다. 파란색은 파장이 짧습니다. 그리고 입자에 부딪힐 때 잘 반사됩니다. 이 현상을 산란(scattering)이라고 합니다.

하늘이 파랗게 보이는 이유는 공기 분자들이 빛을 산란하기 때문인데, 이 중에서 파란색의 파장을 가진 빛이 가장 많이 우리 눈에 도달하기 때문입니다. 만일 이런 산란 현상이 없다면 하늘은 검은색으로 보일 겁니다. 마치 우주에 있는 것처럼요. 빨간색의 빛은 파장이 더 길기 때문에 잘 산란되지 않습니다.

대기의 아랫부분에는 먼지나 꽃가루 같은 비교적 무거운 입자들이 있습니다. 과학자들은 이것을 에어로졸이라고 합니다. 해가 질 때의 햇빛이 우리 눈에 도달하기 위해서는 통과해야 하는 대기의 길이가 더 길어집니다. 파란색 파장의 빛은 공기 중의 먼지에 의해 모두 산란되어 날아가 버리고, 빨강, 노랑, 주황색 파장의 빛들만 남아 우리에게 황홀한 노을을 보여 줍니다.

손전등은 태양에, 우웃빛 물은 대기의 낮은 부분에 비유할 수 있습니다. 우유 속의 분자들이 손전등의 파란 빛을 산란시키기 때문에, 당신만의 '노을'을 만들 수 있습니다.

도전 과제

우유를 더 넣으면 어떤 결과가 나올까요? 빛이 더 멀리서 종이에 비치도록 더 긴 통을 사용하면 결과가 달라질까요?

태양 증류기로 살아남기

재료

→ 넓은 그릇

→ 넓은 그릇보다 높이가 낮은 작은 그릇

→ 수돗물 1컵(235ml)

→ 소금 40g

→ 식용 색소

→ 비닐 랩

→ 구슬 또는 조약돌

태양 에너지를 이용한 정수기를 고안해 보세요.

사진 3 : 햇빛 아래 태양열 증류기를 놓고 정화된 물이 작은 그릇에 모이기를 기다립니다.

안전 유의사항

태양열을 이용해 물을 정화하는 실험이기 때문에 덥고 해가 쨍쨍한 날 잘되요.

실험 순서

1단계 : 큰 그릇 안에 작은 그릇을 넣습니다.

2단계 : 수돗물에 소금과 식용 색소를 넣고 섞어 주세요. 이것이 실험에 사용할 '오염된' 물입니다. (사진 1)

3단계 : 작은 그릇에 정화된 물을 모을 것이기 때문에 작은 그릇에 들어가지 않도록 조심해서 소금물을 부어 주세요.

4단계 : 비닐 랩을 느슨하게 덮어 줍니다. 랩 가운데에 구슬이나 조약돌을 올려 작은 그릇 바로 윗부분이 약간 아래로 쳐지게 해 주세요. 랩으로 그릇 옆을 꼼꼼하게 둘러 주세요. (사진 2)

5단계 : 햇빛 아래 그릇을 놓고 몇 시간 동안 관찰합니다. 필요하다면 랩을 흔들어 맺힌 물이 작은 그릇에 떨어지게 해 주세요. (사진 3)

사진 1 : 물에 소금과 식용 색소를 넣어 물을 '오염시켜' 주세요.

사진 2 : 넓은 그릇을 랩으로 씌워 주세요.

단계 : 하루나 이틀 동안 정화시킨 물이 충분히 모였으면 제대로 됐는
지 맛을 봐도 됩니다. 정화된 물을 오염시키지 않으려면 물을 따라내기
전에 작은 그릇의 바닥을 닦아 주세요!

실험 속 과학 원리

태양의 자외선은 비닐 랩을 통과하여 색소를 탄 물에 도달합니다. 자외선은 물에 흡수되면서 열
에너지를 방출합니다. 하지만 열에너지는 비닐 랩을 통과하지 못하기 때문에 그릇 안의 물과 공
기를 데웁니다.

태양 증류기 안이 데워지면 표면에 있는 물 분자가 더 잘 증발합니다. 이때 소금과 색소는 그릇
에 남습니다. 증발된 물 분자는 비닐 랩에 부딪히는데, 비닐 랩과 맞닿는 바깥 공기의 온도는 그
릇 안보다 낮습니다. 그래서 증발한 물은 응결하여 작은 물방울로 맺힙니다. 물방울이 점점 커
지면 중력에 의해 랩의 낮은 부분에 모이게 되고 결국엔 안쪽의 작은 그릇에 떨어집니다. 이것
이 바로 순수한 물입니다.

도전 과제

물을 식초로 오염시킨 다
음 태양열 증류기를 이용해 정화
시켜 보세요. 실험 시작 전후의
pH를 실험 29 '적양배추 리트머
스 종이'에서 만든 리트머스 종이
로 확인해 보세요.

실험 45 피자 박스 태양열 오븐

재료

→ 피자 박스

→ 펜, 자, 가위

→ 알루미늄 호일, 테이프

→ 검은색 도화지, 신문지

→ 투명 비닐 랩

→ 뚜껑 지지대로 쓸 나무 막대기

→ 오븐에 데워 먹을 간식(초콜릿, 마시멜로우, 쿠키, 냉동 피자 등)

피자 박스로 간식용 오븐을 만들어 봅시다.

사진 3 : 단열재, 창문, 반사판이 달린 오븐이 완성됐습니다. 이 오븐은 뒤에 신문지 뭉치가 하나 더 필요합니다.

실험 순서

1단계 : 피자 박스 뚜껑의 가장자리에서 5cm 정도 안쪽으로 사각형을 그려 주세요. 뚜껑의 경첩과 가까운 변은 놔두고 나머지 세 변을 따라 잘라서 두 번째 뚜껑을 만듭니다. (사진 1)

2단계 : 사각형의 자르지 않은 한 변을 조심스레 접어 주세요. 피자 박스의 경첩 쪽으로 접어 주어야 합니다. 알루미늄 호일로 두 번째 뚜껑의 안쪽을 감싸 줍니다. 그리고 뚜껑 바깥쪽에 테이프를 붙여 호일을 고정해 주세요. 이것이 반사판입니다.

3단계 : 피자 박스 뚜껑을 열고 바닥에 검은색 종이를 깔아 줍니다.

4단계 : 신문지를 여러 장 겹쳐서 돌돌 말아 줍니다. 이것은 피자 박스 안쪽에 둘러 단열재로 사용합니다. 두께가 5cm 정도는 되어야 합니다. 테이프로 피자 박스 안에 고정해 주세요. 마지막으로 피자 박스 뚜껑이 닫히는지 확인합니다.

5단계 : 뚜껑에 만든 구멍보다 5cm 정도 크게 비닐 랩 2장을 잘라 주세요. 피자 박스 뚜껑을 열고 구멍의 아랫면에 랩을 한 장 붙여 주세요. (사진 2)

6단계 : 반사판을 열어 주세요. 나머지 비닐 랩을 피자 박스 구멍 윗면에 붙여 줍니다. 이 두 비닐 랩은 이중창처럼 가운데 공기층을 만들어 박스 안의 열이 밖으로 나가는 것을 막아 줍니다. 랩이 튼튼하게 붙어 있는지 확인합니다. (사진 3)

7단계 : 오븐을 들고 밖으로 나가 해가 잘 드는 평평한 곳에 놓아 주세요. 간식을 검은색 종이 위에 놓습니다. 뚜껑을 잘 닫고 호일 반사판을 열어 햇빛이 검은 종이와 간식에 반사되도록 합니다. (사진 4)

8단계 : 막대기나 자로 반사판이 닫히지 않도록 지지해 줍니다. 반사판의 각도에 따라 오븐 안으로 반사되는 햇빛의 양이 어떻게 달라지는지 알아보세요.

9단계 : 오븐이 데워지기를 기다립니다. 5분마다 태양열 에너지가 간식을 데워 주는 과정을 지켜보세요. 다 되면 맛있게 드세요. (사진 5)

사진 1 : 피자 박스 뚜껑에 그린 사각형의 세 변을 잘라 두 번째 뚜껑을 만들어 주세요.

사진 2 : 피자 박스 뚜껑의 구멍에 비닐 랩을 안팎으로 붙여 주세요.

사진 4 : 호일 반사판을 열고 오븐을 해를 향해 놓습니다.

사진 5 : 맛있게 드세요.

실험 속 과학 원리

태양 빛은 두 층의 비닐 랩을 통과해 오븐 바닥에 있는 검은색 종이에 흡수되고 열에너지로 변환됩니다. 새로 변환된 에너지는 비닐 랩을 빠져나가지 못합니다. 게다가 오븐 안에 설치한 신문지는 열에너지를 붙잡는 단열재 역할을 합니다.

알루미늄 호일 반사판은 더 많은 자외선, 즉 더 많은 에너지가 오븐에 들어오도록 합니다. 햇볕 아래 태양열 오븐을 두면 점점 더 많은 에너지가 피자 상자 안으로 들어올 겁니다. 하지만 들어온 에너지의 대부분은 빠져나가지 못합니다. 갇혀 있는 에너지가 많아질수록 오븐 안의 온도는 올라갈 것이고, 간식을 충분히 데워 먹을 수 있을 정도로 뜨거워집니다.

도전 과제

온도계로 오븐 온도를 재어보세요. 해가 좋은 날과 흐린 날은 몇 도까지 올라갈까요? 바깥 온도가 오븐 온도에 영향을 미치나요?

온실 효과 실험

재료

→ 뚜껑이 없는 똑같은 병 4개

→ 물

→ 얼음

→ 흑백 신문

→ 흰색 종이

→ 검은색 종이

→ 지퍼 백 3개

→ 온도계

안전 유의사항

해가 좋은 날 실험하면 좋아요.

비닐봉지에 태양 에너지를 모아 봅시다.

사진 3 : 하나만 빼고 나머지 병을 지퍼 백 속에 넣어 주세요.

실험 순서

1단계 : 각각의 병에 물을 반쯤 채웁니다. 4개 모두 같은 양을 넣어 주세요. (사진 1)

2단계 : 밖으로 나가 해가 드는 곳에 병 두 개는 신문지 위에, 하나는 검은색 종이 위에, 하나는 흰색 종이 위에 올려놓습니다.

3단계 : 병에 얼음을 5개씩 넣어 줍니다. (사진 2)

4단계 : 신문지 위에 있는 병 하나를 제외하고 나머지를 지퍼 백에 넣고 잠가 주세요. (사진 3)

5단계 : 한 시간 후 각 병의 물 온도를 재어 봅니다. 지퍼 백에 다시 넣고 한 시간 후에 재어 보세요. (사진 4)

실험 속 과학 원리

이 실험에서 쓰는 투명 비닐봉지는 태양 에너지의 편도 티켓입니다. 햇빛이 들어와 열에너지로 바뀌지만, 그 열에너지는 빠져나가지 못하고 봉지 안의 물과 공기를 데웁니다.

지구의 대기에 있는 이산화탄소나 메탄 같은 기체를 온실가스라고 하는데, 온실가스는 실험에서 비닐봉지처럼 열에너지를 가둬 둡니다. 태양 빛은 대기를 쉽게 통과해 어두운 지표면에 흡수된 다음 열에너지로 바뀝니다. 하지만 이 열에너지는 쉽게 대기를 뚫고 나가지 못합니다.

온실가스는 지구를 덮고 있는 담요라고 생각하면 됩니다. 이 담요 때문에 추워져야 할 밤에도 지구는 계속 온기를 유지하게 됩니다. 불행히도 담요가 너무 두꺼워지면 지구가 너무 더워질 겁니다. 온실가스는 지구의 온도를 안정적으로 유지하는 중요한 역할을 하기 때문에 온실가스 양을 항상 주시해야 합니다. 따라서 온실가스를 발생하는 활동을 줄여 대기 중에 너무 많은 양이 방출되지 않도록 해야 합니다.

지구의 어두운 지표면과 달리 얼음과 눈이 쌓인 지역은 햇빛을 그대로 반사합니다. 얼음의 분포는 반사된 빛 중에 얼마가 대기를 데우고, 얼마가 우주로 돌아가는지에 영향을 줍니다. 이 때문에 과학자들이 극지방의 만년설을 연구하는 데 관심을 갖는 것입니다. 흰 종이 위에 둔 병과 검은 종이 위에 둔 병의 온도에 차이가 있다는 걸 보았죠?

사진 1 : 병에 물을 반 정도 채워 줍니다.

사진 2 : 병에 얼음을 5개씩 넣어 줍니다.

사진 4 : 한 시간이 지난 뒤 병마다 온도를 재어 봅니다.

도전 과제

네 개 중 하나를 호일로 감싸서 실험하면 어떤 결과가 나올까요? 이 실험에 적용할 만한 변수는 또 무엇이 있을까요?

이슬점 실험

재료

→ 빈 알루미늄 캔

→ 깡통 따개

→ 따뜻한 수돗물

→ 온도계

→ 얼음

→ 숟가락

알루미늄 캔과 온도계로 기상관측소를 만들어 봅시다.

사진 3 : 캔 표면이 뿌옇게 변하는 것을 관찰해 보세요.

실험 순서

1단계 : 깡통 따개로 알루미늄 캔의 뚜껑을 따 주세요.

2단계 : 따뜻한 물을 반쯤 채웁니다. (사진 1)

3단계 : 물에 온도계를 넣고 온도를 재어 주세요.

4단계 : 물에 얼음 하나를 넣고 녹을 때까지 저어 주세요. 저으면서 캔 표면이 뿌옇게 변하는지 관 찰합니다. 만약 뿌옇게 변하기 시작했다면 온도를 재고 기록해 주세요. 이것이 바로 이슬점입니다. (사진 2)

응결은 아주 미세한 물방울로 나타나는데 반짝이는 캔 표면을 뿌옇게 만듭니다. 물이 채워진 바로 아랫부분부터 나타나기 시작할 것입니다. 물이 응결하기 시작하면 손가락으로 응결된 부분에 줄을 그을 수도 있습니다. (사진 3)

진 1 : 알루미늄 캔에 따뜻한 물을 반 정도 채웁니다.

사진 2 : 얼음을 한 번에 하나씩 넣고 녹을 때까지 저어 줍니다.

사진 4 : 응결 현상이 생기면 이슬점 온도를 기록합니다.

단계 : 응결이 일어나지 않는다면 얼음을 또 넣고 녹을 때까지 저어 주세요. 캔을 계속 살펴봅니다.

단계 : 응결 현상이 생길 때까지 얼음을 하나씩 넣으면서 녹여 줍니다. 이슬점 온도를 기록합니다. (사진 4)

7단계 : 밖으로 나가 온도를 재어 보세요. 이슬점과 비교해서 어떤가요? 건조한가요? 습한가요?

실험 속 과학 원리

이슬점은 공기 중에 수증기가 얼마나 들어 있나를 온도로 표현한 것입니다. 이 온도가 되면 수분이 증발하는 속도와 수증기가 응결하여 물방울이 되는 속도가 같아져서 평형을 이룹니다.

알루미늄 캔에 든 물의 온도가 대기의 이슬점까지 떨어지면 캔 표면이 뿌옇게 되는데, 이것이 평형의 신호입니다.

아침에 공기의 온도가 이슬점과 같아지면 수증기가 응결하여 풀잎 같은 표면에 이슬이 맺힙니다.

도전 과제

이 실험을 며칠 동안 반복하면 어떻게 될까요? 이슬점에 변화가 없나요? 이슬점과 바깥 온도 사이의 관계가 습도에 어떤 영향을 미치나요?

실험 신발 상자 태양 관측기

재료

→ 뚜껑을 제거한 신발 상자

→ 흰색 종이

→ 테이프

→ 가위

→ 알루미늄 호일

→ 침핀

사진 4 : 태양을 등지고 서 주세요.

안전 유의사항

절대로 태양을 직접 바라보거나 신발 상자의 구멍을 통해서 바라보지 않도록 합니다. 시력에 영구 손상을 입을 수도 있어요.

핀을 다룰 때는 어른이 지켜봐 주세요.

사진 1 : 신발 상자의 한 면을 흰 종이로 감싸 주세요.

신발 상자와 종이를 이용하여 태양을 안전하게 관측해 봅시다.

실험 순서

1단계 : 신발 상자 안쪽의 한 면에 흰색 종이를 붙입니다. 이곳에서 태양의 상이 맺힙니다. (사진 1)

2단계 : 반대편에 커다란 사각형 홈을 만들어 줍니다. 자른 홈에 알루미늄 호일을 테이프로 붙여 주세요. (사진 2)

3단계 : 호일 중앙에 침핀 머리보다 조금 큰 구멍을 뚫어 줍니다. 만약 실수했다면 호일을 다시 붙이고 뚫어 주세요. 구멍이 작을수록 상이 선명하게 맺힙니다. (사진 3)

4단계 : 밖으로 나가서 태양을 등지고 서 주세요. (사진 4)

5단계 : 상자를 바닥이 위로 가게 들고 핀 구멍이 태양을 향하게 합니다. 반드시 호일이 시선 뒤쪽에 있어야 태양 빛이 눈으로 직접 반사되지 않아요. 태양 빛이 핀 구멍을 통과해 흰 종이에 작은 원으로 맺힐 수 있도록 상자를 움직여 각도를 조절해 주세요. (사진 5)

사진 2 : 흰 종이의 반대편에 사각형 홈을 만듭니다.

사진 3 : 홈을 덮은 호일 가운데에 핀 구멍을 내 주세요.

사진 5 : 태양의 상이 조그만 흰색 원 모양으로 맺힐 거예요.

쌍안경과 삼각대를 가지고도 태양 관측기를 만들 수 있는데, 이 관측기는 태양의 상이 크게 맺히기 때문에 태양의 흑점을 관찰할 수도 있습니다. 쌍안경으로 태양을 직접 보면 안 된다는 것, 명심하세요!

쌍안경의 접안렌즈가 태양 반대쪽으로 향하고 대물렌즈가 태양 쪽을 향하도록 하여 박스 테이프나 클램프로 쌍안경을 삼각대에 고정합니다. 흰색 종이 위에 태양의 상이 두 개(렌즈가 두 개이므로)가 맺히도록 쌍안경의 각도를 조절해 주세요. 쌍안경의 그림자 가운데에 태양의 상이 하나만 맺히도록 각도를 좀 더 멀리 조절해 봅니다. 이렇게 하면 보기 편할 거예요. 종이가 쌍안경에서 멀어질수록 태양의 상은 점점 커집니다.

삼각대에 쌍안경을 고정하세요.

태양의 상이 두 개의 원으로 맺힐 거예요.

실험 속 과학 원리

태양 빛이 조리개 역할을 하는 조그만 구멍을 통과하면 호일 뒤 종이에 위아래가 뒤집힌 상이 맺힙니다. 상이 뒤집히는 이유는 햇빛이 작은 구멍에 각을 이루며 들어와 계속 직진하여 종이에 닿기 때문입니다. 이렇게 하면 태양을 직접 보지 않고도 관찰할 수 있습니다.

단원
12

단원 12
로켓 과학

사람들이 로켓 과학을 말할 때는 보통 우주 과학을 말합니다. 로켓은 위성에서 망원경, 우주 비행사까지 우주로 쏘아 올렸습니다. 기계에 불과한 로켓이지만 세상의 어떤 스포츠카보다 우리의 상상력에 영감을 불어넣고 있습니다.

1969년 로켓이 인간을 달로 쏘아 올리면서 가능성에 대한 우리의 관점을 바꿔 놓았습니다. 1981년에서 2011년에 걸친 NASA의 우주 왕복선 프로그램은 우주 정거장의 건설과 유지 보수를 가능하게 했고, 그 덕에 우주 비행사들은 지금도 연구를 이어 가고 있습니다. 1977년 NASA에서 쏘아 올린 보이저 1호는 전례 없는 임무를 수행 중에 있습니다. 오직 시간만이 우주 탐험의 결과를 알 수 있을 것입니다.

로켓을 설계할 때 항공 우주 공학자들은 로켓의 재질과 모양부터 연료 구성 성분까지 모든 것을 고려해야 합니다. 우주선이 궤도에 들어서는 과정은 복잡하지만 결국에는 가장 기본적인 물리 법칙을 따릅니다.

세 가지 중요한 물리적 힘이 로켓에 작용합니다. 추력은 로켓을 밀어 올리는 힘. 항력은 지구 대기의 공기 저항이 로켓에 작용하는 힘. 마지막으로 중력은 로켓의 무게만큼 지구가 아래로 끌어당기는 힘을 말합니다. 공학자들은 수학과 과학적 배경 지식을 총동원해 추력은 최대로 끌어올리면서 저항과 중력은 최소화할 수 있는 방법을 연구합니다.

이 단원에서는 단순한 로켓과 공기 역학 발사체를 만들면서 이 개념들을 배워 볼 것입니다. 끝부분에는 우주를 연구하는 과학자들이 관심을 가지는 전자기파에 대한 실험도 추가했습니다. 빛과 같은 속도로 움직이는 극초단파에 대한 실험입니다.

필름 통 로켓

재료

→ 뚜껑 있는 필름 통(필름을 현상하는 곳에 가면 버리는 통을 얻을 수 있어요. 아니면 오픈 마켓에서 구매할 수 있어요)

→ 색도화지

→ 가위

→ 자

→ 종이

→ 테이프

→ 물컵

→ 연필

→ 장식에 필요한 매직펜이나 스티커

→ 껌

→ 알카-셀처 같은 제산제

→ 물

간단한 화학 반응으로 직접 만든 로켓을 발사해 봅시다.

사진 6 : 로켓을 뒤집어 평평한 곳에 두고 날립니다.

실험 순서

1단계 : 종이를 15×10cm로 잘라 필름 통의 뚜껑을 연 쪽이 종이의 끝부분에 맞도록 말아 테이프로 단단히 고정해 줍니다. (사진 1)

2단계 : 물컵을 종이에 대고 원을 그려 주세요. 원의 1/4을 잘라 낸 다음 나머지 부분을 가지고 로켓 끝부분에 맞게 원뿔 모양을 만들어 주세요. 필름 통 반대편에 원뿔을 달아 줍니다. (사진 2, 3)

3단계 : 종이에서 로켓의 날개로 쓸 삼각형 세 개를 잘라 로켓 아랫부분에 같은 간격으로 붙여 줍니다. 매직펜과 스티커로 로켓을 장식합니다. (사진 4)

4단계 : 로켓을 쏘아 올리기 전에 보호 안경을 쓰고 껌을 씹어 주세요. 껌을 씹으면서 필름 통 뚜껑을 따는 연습을 하세요. 껌이 부드러워지면 필름 통을 열어 뚜껑 안쪽에 껌을 붙여 줍니다. 알카-셀처를 반으로 잘라 껌 위에 단단히 붙여 줍니다. 뚜껑을 치워 둡니다. (사진 5)

5단계 : 로켓을 뒤집어 필름 통에 물을 반쯤 채웁니다.

6단계 : 로켓이 넘어지지 않을 만한 평평한 곳을 찾아 놓습니다. 알카-셀처가 껌에 제대로 붙어 있는지 다시 한번 확인합니다.

7단계 : 로켓을 뒤집어 한 손에 잡고 다른 손으로 뚜껑을 꽉 닫아 줍니다. 아직 알약에 물에 닿으면 안 됩니다.

8단계 : 로켓을 재빨리 평평한 곳에 놓습니다. 뒤로 물러나서 알약과 물이 화학 반응을 일으켜 통 안에 압력이 커지길 기다리세요. 압력이 충분히 높아지면 뚜껑이 튕겨져 나오면서 로켓이 날아갈 겁니다. 인내심을 가지세요. 30초에서 1분 정도 걸릴 수 있어요! (사진 6)

사진 1 : 필름 통에 종이를 말아 주세요.

사진 2 : 로켓에 붙일 노즈콘을 만들어 주세요.

사진 3 : 로켓에 노즈콘을 붙입니다.

사진 4 : 로켓을 원하는 대로 꾸밉니다.

사진 5 : 필름 통 뚜껑에 씹던 껌을 붙이고 알카-셀처 반 개를 붙입니다.

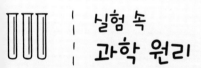

실험 속 과학 원리

로켓의 비행에는 세 개의 중요한 힘이 작용합니다. 추력(로켓을 밀어 올리는 힘), 항력(공기 저항에 의해 로켓이 받는 힘), 그리고 중력(로켓의 무게만큼 지구가 당기는 힘)입니다.

알카-셀처 알약과 물이 만나면 화학 반응을 통해 이산화탄소가 발생하는데, 이 때문에 필름 통 내부의 압력이 커집니다. 이러다가 뚜껑이 벗겨지면서 안의 공기가 분출됩니다. 이 추력이 로켓을 반대 방향으로 밀어 올립니다. 뉴턴의 제3법칙을 보여 주는 것이죠. 어떤 작용이 있으면 반대 방향으로 같은 크기의 반작용이 생긴다는 겁니다. 결국에는 항력과 중력 때문에 로켓은 땅으로 떨어집니다.

실제 로켓은 충분한 추력을 얻어 지구의 대기권을 벗어날 만큼의 연료를 실어야 합니다.

도전 과제

로켓 날개의 모양이나 크기를 바꾸면 어떻게 될까요? 로켓의 추락 속도를 늦춰 줄 낙하산을 만들 수 있나요?

빨대 로켓

재료

→ 프린터 용지

→ 자

→ 가위

→ 연필

→ 플라스틱 빨대

→ 테이프

안전 유의사항

어린아이가 로켓을 만들 때는 어른이 도와주세요.

최고의 날숨-추진 발사체를 디자인해 보세요.

사진 3 : 날숨으로 로켓을 날려 보세요.

실험 순서

1단계 : 로켓 몸체를 만들기 위해 종이를 너비 5cm 길이 22cm로 잘라 주세요.

2단계 : 연필의 길이 방향으로 종이를 말아 모양이 유지되도록 테이프로 고정해 주세요. (사진 1)

3단계 : 로켓을 연필에서 뺀 다음 한쪽 끝을 접어 테이프를 붙여 주세요. 이것이 로켓의 노즈콘*이 됩니다.

───────

* 로켓의 뾰족한 앞부분.

사진 1 : 연필을 종이로 말아 주세요.

사진 2 : 로켓에 날개를 달아 줍니다.

단계 : 종이로 삼각형을 잘라 로켓 아랫부분에 날개를 달아 줍니다. 날개를 직각으로 달아야 잘 날아갑니다. (사진 2)

6단계 : 로켓을 빨대에 끼우고 힘껏 불어서 날려 보세요. (사진 3)

단계 : 로켓을 원하는 대로 꾸며 보세요.

실험 속 과학 원리

종이 로켓은 실제 로켓이 어떻게 대기권에서 날아가는지 보여 줍니다.

항력은 로켓의 진행 방향에 맞서는 공기 저항입니다. 한편 중력은 로켓을 아래로 끌어당깁니다. 로켓을 더 가볍게(종이와 테이프를 적게) 만들고 항력이 더 작게 생기도록 하면, 더 멀리 날아갈 거예요!

날개 덕분에 로켓이 안정감 있게 비행할 수 있습니다. 그리고 날개의 크기와 모양은 로켓이 얼마나 자세를 잘 잡느냐에 영향을 줍니다.

도전 과제

비행 거리를 기록해 보세요. 얼마나 멀리 날아갔나요? 로켓의 길이를 길거나 짧게 만들어 비행 거리에 영향을 주는지 알아보세요. 로켓 날개의 모양과 숫자에 변화를 주면 어떤 결과가 나올까요? 발사 각도가 비행 궤적에 영향을 주나요?

재료

→ 신발 상자 같은 골판지 상자

→ 가위

→ 1~2리터짜리 페트병

→ 페트병 입구에 맞는 코르크

→ 톱니 모양 칼

→ 물

→ 공기 주입 노즐, 자전거펌프

안전 유의사항

이 로켓은 빠르게 멀리 날아가기 때문에 탁 트인 공간에서 어른의 감독 아래에 진행해 주세요.

로켓을 발사대에 놓을 때 코르크로 닫은 병 입구가 아래로, 병 밑부분이 위로 향하고 있는지 확인하세요. 병에 공기를 주입하기 전에 보호 안경을 쓰고 모두 로켓 뒤로 물러났는지 확인합니다.

물과 자전거 펌프로 페트병 로켓을 발사합시다. 물리학자의 꿈도 함께 쏘아 보세요.

사진 5 : 공기 압력이 코르크와 물을 병 밖으로 밀어내면서 반대 방향으로 로켓이 날아갑니다.

실험 순서

1단계 : 상자에 45도 각도로 홈을 만들어 병을 거꾸로 놓아 둘 발사대를 만듭니다. 자전거펌프의 주입구가 병의 입구 쪽을 향하도록 합니다.

2단계 : 병에 맞을 만한 코르크를 찾아 둡니다. 톱니 모양 칼로 코르크를 반으로 자릅니다. 공기 주입 노즐이 코르크 반대편까지 나오도록 밀어 넣습니다. 와인 따개로 미리 구멍을 낸 다음 밀어 넣으면 쉽게 할 수 있어요. (사진 1)

3단계 : 병에 2/3 정도 물을 채워 줍니다. 자전거펌프에 노즐을 연결하고 병에 코르크를 꽂아 주세요. (사진 2)

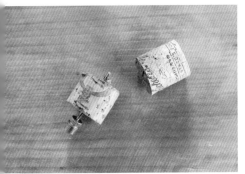

진 1 : 반으로 자른 코르크에 노즐을 밀어 넣습니다.

사진 2 : 병에 물을 2/3 정도 채워 주세요.

사진 3 : 병의 바닥이 날아가는 쪽을 향하도록 발사대에 놓아 주세요.

4단계 : 병 입구를 내 쪽으로, 병 바닥이 나의 반대쪽 위를 향하도록 발사대에 놓아 줍니다. (사진 3)

5단계 : 발사대 뒤에 서서 보호 안경을 쓰고 발사 준비를 합니다. (사진 4)

6단계 : 병 속에 공기를 주입합니다. 공기압 때문에 물 위쪽으로 거품이 생길 거예요. 압력이 꽉 차면 엄청난 힘으로 물과 코르크를 밀어냅니다. 물이 뿜어져 나오면서 로켓이 발사될 거예요. (사진 5, 6)

사진 4 : 병에 공기를 주입합니다.

사진 6 : 발사!

실험 속 과학 원리

이 로켓은 날개도 화물도 노즈콘도 없지만 실제 로켓과 매우 닮았습니다. NASA의 로켓은 로켓 연료를 추진제로 사용하는 반면, 우리 로켓은 물을 사용합니다. 높은 압력의 공기는 로켓 밖으로 물을 강하게 뿜어내는데, 그때 로켓은 반대 방향으로 날아갑니다. 뉴턴의 제3법칙에 따르면 모든 작용에 대해 크기는 같고 방향은 반대인 반작용이 존재합니다.

도전 과제

물을 더 넣거나 적게 넣으면 어떻게 될까요?

맛있는 전자파 실험

재료

→ 전자레인지

→ 판 초콜릿 또는 슬라이스 치즈

→ 평평한 전자레인지용 접시

→ 자

→ 계산기

극초단파의 속도를 재 봅시다.
남은 건 맛있게 드세요.

사진 4 : 측정값에 기초해 극초단파의 속도를 계산해 보세요.

안전 유의사항

전자레인지를 사용할 때는 어른
이 지켜봐 주세요.

치즈로 실험할 경우에는 치즈의
두께가 동일해야 실험이 잘되요.

사진 1 : 회전 장치를 뺀 전자레인지 안에 판 초콜릿을
놓아 주세요.

실험 순서

1단계 : 전자레인지 안의 회전 장치를 제거해 주세요. 이 실험은 음식이 움직이면 안 돼요.

2단계 : 전자레인지용 접시를 뒤집어 놓고 판 초콜릿 몇 개나 치즈 몇 장을 빈틈없이 놓아 주세요.
음식을 전자레인지가 그릴 예술가의 캔버스라고 생각하세요. (사진 1)

3단계 : 접시를 전자레인지 안에 넣고 강으로 15초간 돌려 줍니다. (사진 2) 접시를 꺼내지 말고 녹
은 부분이 있는지 확인합니다. 없다면 다시 10초간 돌린 후 다시 확인합니다. 녹은 부분이 보이면
전자레인지에서 꺼내 주세요.

4단계 : 자를 가지고 녹은 부분 사이의 거리를 재어 봅니다. 이 점들은 극초단파가 같은 곳을 반복
적으로 때려서 생긴 것이며 파형의 봉우리를 나타냅니다. 거리는 대략 6cm, 즉 0.06m인데 녹은
부분의 크기나 사용하는 전자레인지의 발진 주파수(GHz)에 따라 다른 결과가 나올 수 있습니다.
(사진 3)

5단계 : 파장을 계산하려면 얻은 값에 2를 곱합니다. 전자레인지는 정상파를 내보내는데, 파형 봉
우리 사이의 거리는 실제 파장의 절반이기 때문입니다. 센티미터는 미터로 바꾸어야 하며 소수점
을 왼쪽으로 두 칸 움직이면 됩니다.

6단계 : 파장을 계산해 놓았으면 극초단파의 대략적인 속도를 계산할 수 있습니다. 속도는 사용하는 전자레인지의 발진 주파수에 파장을 곱하면 됩니다. 대부분 전자레인지의 발진 주파수는 2,450,000,000헤르츠 (2.45GHz)인데 레인지 뒷면을 보고 확인하세요.

예를 들어 이 실험을 여러 번 반복해서 점들의 거리를 계산하면 대략 5~7cm 사이입니다. 평균 잡아 6cm, 즉 0.06m입니다. 계산식은 이렇습니다. : 0.06m/wave×2×2,450,000,000wave/s=294,000,000m/s. 그래서 전자레인지의 극초단파 속도를 294,000,000m/s로 추산할 수 있습니다.

7단계 : 나온 결과를 빛의 속도(299,792,458m/s)와 비교해 보세요. 비슷한가요? 극초단파와 빛은 같은 속도인데, 극초단파의 속도를 재는 것이 더 쉽습니다.** (사진 4)

8단계 : 맛있게 드세요. (사진 5)

사진 2 : 강으로 15초간 돌려 초콜릿을 데워 줍니다.

사진 3 : 자를 이용해 녹은 부분 사이의 거리를 재어 줍니다.

사진 5 : 맛있게 드세요!

실험 속 과학 원리

빛이나 극초단파는 전자기파(EMR***)의 일종입니다. 전자기파의 다른 종류로는 라디오 전파, 자외선 그리고 엑스레이를 들 수 있습니다.

전자기파가 움직이는 모양은 연못에 돌을 던질 때 생기는 물결을 연상하면 됩니다. 전자기파는 3차원 공간에서 물결 모양으로 퍼져 나갑니다. 전자기파는 종류에 따라 고유의 파장이 있습니다. 극초단파는 가시광선보다 파장이 훨씬 길어서 측정하기 쉽습니다.

모든 전자기파는 같은 속도로 전파됩니다. 극초단파와 빛 역시 같은 속도이기 때문에, 이 실험으로 극초단파의 속도를 계산할 수 있었다면, 빛의 속도에 대한 답도 얻을 수 있습니다.

도전 과제

실험을 여러 번 반복해서 점들 사이의 평균값을 구해 보세요. 어떻게 하면 좀 더 정확하게 잴 수 있을까요? 실험이 더 잘되는 음식이나 재료가 있을까요?

** 가시광선의 파장은 380~750nm로 매우 짧다.
*** Electromagnetic Radiation.

애바	쿠퍼	존	체치	조지아	쿠아	레이건	제이스
메이	헨리	찰리	클레어	에이제이	니콜라스	케이트	브리스토우
스칼렛	쎌라	라일라	리즈	애바	나탈리	미리엄	로렌
사라	제니바	릴리	엘라	헤일리	엔조	클레어	휘트니
닉	엘레나	니코	루다	캐서린	스텔라	미아	알레사
에밋	네이트	티오	윌	시에나	코라	에일라	노라
사라	마크	찰리	앤드류	커리사	카이라	하퍼	랜

참고 자료*

화학
acswebcontent.acs.org/scienceforkids

미생물학
www.sciencebuddies.org/science-fair-
projects/project_ideas/MicroBio_Interpreting_Plates.shtml

기후
climate.nasa.gov
climatekids.nasa.gov

로켓 과학
www.jpl.nasa.gov/edu/learn
www.nasa.gov/audience/forkids/kidsclub/flash

물
education.usgs.gov
water.usgs.gov/edu/watercycle-kids-adv.html

카에 효과
skullsinthestars.com/2013/03/29/
physics-demonstrations-a-short-discussion-of-the-kaye-effect

빛과 색깔
science-edu.larc.nasa.gov/EDDOCS/Wavelengths_for_Colors.html

바다/해양 산성화
www.noaa.gov
www.pmel.noaa.gov/co2

신재생 에너지
www.nrel.gov/research

결정
www.smithsonianeducation.org/educators/lesson_plans/
minerals/minerals_crystals.html

정전기
www.loc.gov/rr/scitech/mysteries/static.html

태양 과학
solarscience.msfc.nasa.gov

우주와 지구 과학의 모든 것
www.nasa.gov

필름 통 구입처**
www.filmcanistersforsale.com

———————

* http://cookpq.blogspot.kr/2016/06/ks-res.html에 링크를 정리해 두었다.
** 우리나라에서는 오픈 마켓에서 구할 수 있다.

저자에 대하여

리즈 하이니키는 나비를 처음 관찰한 순간부터 과학을 사랑했습니다.

석사 학위를 딴 후 분자 생물학 연구자로 10년을 일한 뒤, 연구소를 떠나 전업주부로서의 새로운 인생을 시작했습니다. 세 아이를 키우면서 함께 한 과학 모험의 여정들을 KitchenPantryScientist 웹사이트에 공유하면서 과학을 향한 사랑을 세상 사람들과 나누었습니다.

그 결과, 지역 NBC 방송에서 과학 코너를 진행하였고, NASA의 지구 대사로 임명되었으며, 아이폰 앱을 만들기도 했습니다. 리즈의 바람은 부모들이 아이의 나이에 상관없이 함께 실험을 할 수 있고, 아이들은 혼자서도 안전하게 실험하는 것입니다.

미네소타 리즈의 집에 가면 아이와 논쟁하고, 웹사이트에 글을 올리고, KidScience 앱을 업데이트하고, 간호학과 학생들에게 미생물학을 가르치고, 노래하고, 밴조를 연주하고, 그림 그리고, 달리는 등 집안일만 아니라면 뭐든지 열심히 하는 그녀를 만날 수 있습니다.

리즈는 루터 칼리지를 졸업했고, 위스콘신 매디슨 대학교에서 세균학으로 석사 학위를 받았습니다.

고마운 분들

나의 가족, 친구, 선생님, 롤 모델이 없었다면 이 책은 나오지 못했을 겁니다. 특별히 고마운 분들을 아래에 적었습니다.

요리 천재인 어머니 진은 제가 부엌에서 두려움 없이 활동하게 하셨고 부엌을 엉망으로 만들어도 화내는 법이 없으셨습니다. 그 덕분에 임기응변으로 문제를 해결하는 법을 배울 수 있었습니다.

아버지 론은 훌륭한 물리학자로, 제가 과학을 사랑하게끔 이끌어 주었습니다. 끈기를 가지고 대수학 공부를 도와주고, 끊임없이 호기심을 가지도록 격려해 주었습니다. 요즘도 물리학에 대한 저의 질문에 대답을 해 주십니다.

동생 카린은 어릴 적 뒷마당, 나무 위, 산에서 항상 저와 함께였습니다. 어릴 때 같이 했던 전분 실험이 생각납니다.

공학자가 꿈인 오랜 친구 쉴라는 피자 상자 오븐을 만드는 법을 알려 주었습니다.

절친이자 남편인 켄은 매일 나를 웃겨 주고 열심히 일해서, 제가 집에서 글 쓰고 실험할 수 있게 해 줍니다.

리처드 스미스와 존 우즈는 저를 믿고 연구에 참여할 수 있게 해주었으며, 함께 한 세미나와 미팅을 통해 과학에 대한 열정을 다시 불러 일으켜 주었습니다.

나의 사랑스러운 아이들 찰리, 메이, 사라는 세상을 다시 아이의 눈으로 볼 수 있게 해 주었습니다. 아이들의 아이디어, 에너지 그리고 끈기는 저에게 매일 영감을 줍니다.

그 외 모든 가족과 친구들은 올바른 생각과 용기를 가지도록 도와주었습니다. 특히 저의 글쓰기 스승인 제니퍼 진 패터슨과 마사 웰즈는 저의 어설픈 첫 글쓰기를 도와주었습니다.

NASA의 재능 기부 프로그램, 과학자, 우주비행사, 직원, 강사 그리고 온라인 정보들은 저에게 큰 영감을 줍니다.

과학 온라인 커뮤니티에서 만난 그레그 버 박사님은 재미있는 카에 효과를 재현하는 방법을 알려 주었고, 독자들과 공유할 수 있도록 허락해 주었습니다.

NBC 지역방송 KARE11의 킴 인슬리는 과학 교육을 우선으로 편성하여, 과학 실험을 할 수 있는 고정 코너를 만들어 주었습니다.

편집자 조나단 심코스키, 르네 하인즈 그리고 쿼리 출판사는 과학에 대한 사랑을 더 많은 독자와 공유할 수 있도록 책을 멋있게 편집해 주었습니다.

사진작가 앰버 프로카치니는 오랜 시간 고생하면서 각 실험 안에서 아름다운 장면을 뽑아냈습니다.

미네아폴리스(Minneapolis)의 아티스트이자 스타일리스트인 긴 머리의 스테이시 메이어는 이 책의 멋진 사진들에 색상을 보정해 주었습니다.

조이, 제니퍼, 몰리, 레베카는 아름다운 부엌과 뒷마당을 쓰게 해주었습니다.

똑똑하고, 재미있고, 예쁜 아이들의 미소 덕에 책이 빛났습니다. 아이들이 사진 작업에 참여하도록 허락해 준 부모님께 감사드립니다.

역자 후기

과학을 좋아하는 아들에게 "넌 왜 과학이 좋아?"라고 물은 적이 있습니다.

"그냥, 재밌으니까." 과학이 재밌답니다. 하기야 동서고금을 막론하고 재밌어야 좋아지는 게 당연한 것이겠죠. 그럼 저한테 과학은 어떤 의미일까 잠시 생각해 보니, 과학은 공부해 내야 하는 '과목'에 지나지 않았더군요. 버스를 타면서 관성을 배우고 슬라이드를 타면서 마찰력을 배우는 살아 있는 과학은 경험해 보지 못한 것입니다. 과학을 좋아하는 아이 덕분에 자의반 타의반 책도 찾아보고 실험도 하다 보니 과학이 재밌다는 아이 말이 이제 조금 이해가 됩니다.

'아이와 함께 하는 부엌 실험실'도 이런 맥락에서 필요한 책을 찾다가 우연히 발견하게 되었습니다. 작가의 말대로 과학은 거창한 과학 실험 도구나 실험실이 있어야만 할 수 있는 것이 아니라 우리가 보는 모든 곳에서 존재한다는 사실을 알게 되었습니다. 책에 나오는 실험을 하나씩 할 때마다 탄성을 지르며 좋아하는 아이 못지않게 즐기고 있는 저를 발견합니다. 여러분도 과학이 공부가 아니라 생활 속 발견이라는 작은 깨달음을 공유하길 바라며, 이 책을 번역할 수 있도록 늘 뒤에서 응원해 준 남편과 실험 제목을 짓는 데 적극 참여해 준 아들 강현, 부모님께 고마움을 전합니다.

지면이 부족하여 충분치 못한 과학적 원리와 설명 그리고 한국의 사정에 맞게 변형할 수 있는 팁을 블로그 http://cookpq.blogspot.com에 모아 두었습니다. 책에 대한 의견이나 문의도 환영합니다.

2017년 1월
금호동에서